日本住房规划、制度和法律

广东省城乡规划设计研究院有限责任公司 编

温 雅 邱雅芬 邹双双 罗异铿 著

中国建筑工业出版社

图书在版编目（CIP）数据

日本住房规划、制度和法律 / 温雅等著；广东省城乡规划设计研究院有限责任公司编. —北京：中国建筑工业出版社，2019.1

ISBN 978-7-112-23082-2

Ⅰ.①日… Ⅱ.①温… ②广… Ⅲ.①住宅区规划—研究—日本 ②住房制度—研究—日本 ③住宅—社会保障—法律—研究—日本 Ⅳ.① TU984.12 ② F299.313.331 ③ D931.321.81

中国版本图书馆CIP数据核字（2018）第289977号

责任编辑：王 磊 石枫华
责任校对：李欣慰

日本住房规划、制度和法律

广东省城乡规划设计研究院有限责任公司 编

温 雅 邱雅芬 邹双双 罗异铿 著

*

中国建筑工业出版社出版、发行（北京海淀三里河路9号）

各地新华书店、建筑书店经销

北京点击世代文化传媒有限公司制版

北京建筑工业印刷厂印刷

*

开本：787毫米×1092毫米 1/16 印张：12¾ 字数：254千字

2021年8月第一版 2021年8月第一次印刷

定价：**56.00**元

ISBN 978-7-112-23082-2

(32841)

前　言

　　住房问题既是民生问题也是发展问题。改革开放以来，经过四十多年的发展，我国城镇居民人均住房建筑面积从 1978 年的 6.7 平方米提升到了 2019 年的 39.8 平方米。随着我国城镇化从高速发展阶段进入高质量发展阶段，住房发展已从总量短缺转变为结构性供给不足。在新的发展阶段，如何加快构建多主体供给、多渠道保障、租购并举的住房制度，是当前我国住房发展进程中亟需解决的关键问题。本书以日本住房的规划、制度和法律为研究主线，全方位窥探日本住房发展的方方面面，以期为下一步我国住房制度的优化设计提供一个参考。

　　本书共分为五个章节：第一章，日本的住房发展历程，主要介绍日本住房的三个发展阶段和当前面临的挑战；第二章，日本的住房保障制度，重点分析日本住宅金融公库、公营住宅、公团住宅等的运行体制机制；第三章，日本的住房规划制度，整体概述日本从 1966 年开始组织编制的八期住房建设规划和 2005 年以来编制的住生活基本规划；第四章，日本的住房税收制度，深入剖析日本住房在取得、保有和出售三个环节的相关税种和计税方式；第五章，日本的住房相关法律，系统翻译了《住宅建设规划法》《住生活基本法》《住宅金融公库法》《公营住宅法》《日本住宅公团法》《地方住宅供给公社法》等重要法律。

　　本书在编写过程中，得到广东省城乡规划设计研究院有限责任公司、中山大学的多位领导、老师和同事的支持和帮助，提出了许多宝贵的意见，在此一并致谢！由于编者知识和水平有限，书中难免有错漏，恳请读者批评指正！

2021 年 1 月 14 日

目　录

第一章　日本的住房发展历程 ………………………………………………… 1

　　第一节　第一个阶段：1945 年至 1975 年 ………………………………… 2

　　第二节　第二个阶段：1976 年至 2000 年 ………………………………… 2

　　第三节　第三个阶段：2001 年至今 ……………………………………… 4

　　第四节　当前日本住房发展面临的挑战 ………………………………… 5

第二章　日本的住房保障制度 ………………………………………………… 13

　　第一节　住宅金融公库和金融公库融资住宅 …………………………… 13

　　第二节　公营住宅 ………………………………………………………… 16

　　第三节　住宅公团和公团住宅 …………………………………………… 19

　　第四节　地方住宅供给公社和公社住宅 ………………………………… 21

　　第五节　特定优良租赁住宅 ……………………………………………… 24

　　第六节　其他 ……………………………………………………………… 26

第三章　日本的住房规划制度 ………………………………………………… 27

　　第一节　日本的住房规划体系和事权划分 ……………………………… 27

　　第二节　国家层面住房规划的发展历程和主要内容 …………………… 30

　　第三节　地方层面的住房规划及其与相关规划的关系 ………………… 41

第四章　日本的住房税收制度 ………………………………………………… 48

　　第一节　卖房环节主要税费：所得税 …………………………………… 49

　　第二节　买房环节主要税费：消费税 …………………………………… 50

　　第三节　持有环节主要税费：固定资产税和都市计划税 ……………… 50

　　第四节　继承环节主要税费：遗产税 …………………………………… 52

　　第五节　其他税费 ………………………………………………………… 53

第五章　日本的住房相关法律 ··· 57

　　第一节　住宅建设规划法 ··· 57

　　第二节　住生活基本法 ··· 59

　　第三节　住宅金融公库法 ··· 64

　　第四节　公营住宅法 ··· 91

　　第五节　日本住宅公团法 ·· 107

　　第六节　地方住宅供给公社法 ······································ 118

　　第七节　新住宅市街地开发法 ······································ 128

　　第八节　有关大都市区域促进住宅以及住宅用地供给的特别措施法 ········ 138

　　第九节　适应区域多种需要的公共租赁住宅等的配置等特别措施法 ········ 179

附　　表 ·· 184

参考文献 ·· 194

第一章　日本的住房发展历程

　　日本是第二次世界大战的战争加害国，也是战败国，在战争后期其本土也受到了严重破坏。1945 年日本宣布投降时，其房屋缺口约 420 万套❶。战后，日本投入了大量的人力和财力用于增加住房供应和改善居民生活条件。从 1945 年至 2016 年，日本的住房发展大致经历了解决住房难、从量的确保转向质的提高、重视市场机制和存量房等三个阶段。

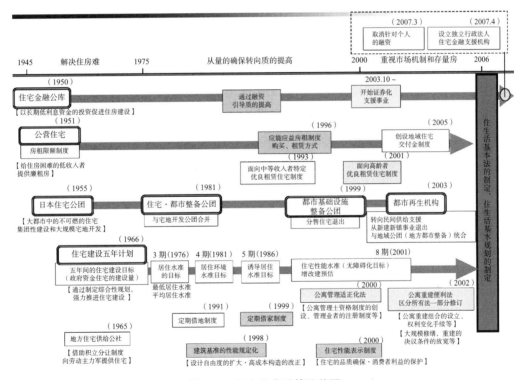

图 1-1　日本住房政策沿革图

资料来源：国土交通省住宅局.住宅政策と住宅金融のあり方の変遷.http://www.mlit.go.jp

---

❶　战争期间，战争摧毁的住宅户数约 265 万户（其中空袭毁坏 210 万户，强制疏离 55 万户）。战后归国士兵和普通百姓新增住宅需求 67 万户，战时已存在供给不足约 118 万户，同时战死者导致需求减少了 30 万户。

第一节　第一个阶段：1945 年至 1975 年

该阶段的主要任务是解决住房困难。二战结束后，日本国内住房严重短缺，政府通过多种手段直接介入住房建设，增加住房供应。一是政府直接投入和参与保障性住房的建设。1945 年，日本制定《罹灾都市应急住宅建设纲要》，运用国库资金在全国建设 30 万套过冬用简易住宅。1951 年，日本制定《公营住宅法》，由地方公共团体（都道府县及市町村）组织建设公营住宅，为低收入住房困难家庭提供租金低廉的保障住房。1955 年，日本通过了《日本住宅公团法》，由政府出资成立独立法人机构"住宅公团"，通过该机构重点在大都市地域进行大规模的住宅用地开发和住房供应。二是成立住房金融机构，为居民建房和购房提供金融支持。1950 年，日本制定《住宅金融公库法》，成立独立法人机构"住宅金融公库"，为个人建设或购买住房提供长期低利率的资金，鼓励个人建设或购买住房。1960 年，日本通过了《地方住宅供给公社法》，在都道府县或人口超过 50 万的城市成立独立法人机构"地方住宅供给公社"，建立"积立分让制度"，通过先储蓄销售、后移交转让的方式，为中等收入的劳动者提供自有产权住房。三是系统组织开展住房建设规划的编制和实施。1966 年，日本通过了《住宅建设规划法》❶，在国家、地方和都道府县三个不同层面系统组织编制"住宅建设五年规划"，明确国家、地方和都道府县各时期住房发展的主要任务和建设目标，该时期是日本住宅产业高速发展，尤其是各类保障性住房供应增长最快的时期。

第二节　第二个阶段：1976 年至 2000 年

该阶段的主要任务由增加住房数量转向提高居住质量。经过战后近 30 年的发展，日本住房短缺问题基本得到解决。1973 年受世界经济危机影响，日本从战后经济高速增长时期转入中速平稳增长时期。自 1975 年第三期住房建设五年规划起，日本住房发展的主要任务由增加住房数量转向提高住房质量。具体而言，该时期的住房发展包含三段历程：一是 1975 年至 1985 年，该阶段是日本房地产平稳发展时期，该时期的主要特征是在经历了 1950 至 1960 年代住宅数量的快速增长后，住宅数量增长速度有所回落，大都市区住房问题逐渐显现，住房逐步呈现向大都市周边城镇发展的趋势。二是 1985 年至 1991 年，该阶段是日本房地产泡沫膨胀和破灭时期。1985 年，日本签署

---

❶　资料来源：住宅建设计画法（昭和四十一年六月三十日法律第一百号）

广场协议后，日元升值预期持续，日本央行连续多次降息，加上之前持续30年的经济高速增长，日本企业和家庭有了一定的资金积累，在大城市住房相对紧缺的情况下，大量企业和家庭投资股市和房地产业，大都市外围地区房地产业快速发展，房地产价格直线飙升，东京都的平均地价从1985年的115万日元每平方米❶，迅速飙升至1987年的420万日元每平方米❷，并在高位维持了5年之久。1989年起，日本政府刺破房地产泡沫，银行开始连续加息。1991年，日本房地产泡沫破灭，房价开始迅速回落。三是1992年至2000年，该阶段是日本房地产业回落和恢复平稳时期。1992年至1996年，日本东京都地价连续4年以20%以上的幅度下跌，迅速由1991年的447万日元每平方米，下滑至1997年114万日元每平方米，恢复至1985年广场协议签署前的水平，并在较长一段时间内维持在100万日元每平方米的水平。

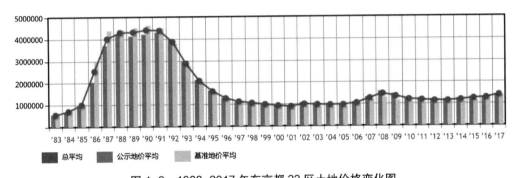

图1-2 1983-2017年东京都23区土地价格变化图
资料来源：日本全国の地価推移グラフ. http://www.tochidai.info

从住房保障政策看，该时期的住房保障政策也经历了较大的转变，1975年以后，日本各类保障性住房的供应逐步放缓，公营住宅、公团住房等各类保障性住房在住房供应总量中的比例逐步下降。1991年房地产泡沫破灭后，日本的住房保障政策作了相应的调整。1991年和1999年，日本陆续推出定期借地制度和定期借家制度，通过向民间租赁用地和租用住房的方式提供保障性的租赁住房，减少政府直接建设保障性住房的规模。1993年，日本制定《特定优良租赁住宅供给促进法》，通过增加为中等收入家庭提供的优质租赁住房，改善中等收入人群的居住条件。1999年，日本再度对地方住宅公团的职能和名称进行调整，取消地方住宅公团（都市基盘整备公团）的住宅销售职能。

❶ 资料来源：日本全国の地価推移グラフ. http://www.tochidai.info.
❷ 该价格为总平均地价，即公示地价和基准地价的平均值。

日本历年住房数量变化表（万户）　　　　　　　　表 1-1

年份	住房总量	居住自有住房	居住租赁住房				
			合计	其中：			
				公营的租赁住房	都市再生机构的租赁住房	民营的租赁住房	给与住房（宿舍住房）
1968	2419.79	1055.35	890.79	139.26	—	593.29	158.24
1973	2873.05	1410.67	1101.81	198.54	—	729.63	173.64
1978	3218.87	1694.39	1213.27	171.33	71.97	793.96	176.01
1983	3470.45	1935.4	1248.26	186.45	77.41	809.17	175.23
1988	3741.3	2079.5	缺数据	198.2	80.3	缺数据	150
1993	4077.3	2245.3	1531.5	203	84.2	1045.9	198.4
1998	4392.2	2467.7	1636.9	208.5	86.3	1173.5	168.6
2003	4686.3	2727.8	1696.8	218.1	93.6	1239.3	145.8
2008	4959.8	2916.3	1763.4	208.8	91.8	1325.7	137.1

注：（1）本表中的部分统计数据与 2013 年日本"住宅·土地统计调查"数据有差异，但均为统计局原始表格数据。（2）住房总量中包括农林渔业并用住宅等其他类型的住宅数量，本表格中未列出该类住宅数据。

资料来源：总务省统计局. 住宅の種類，所有の関係，居住室数·居住室の畳数别住宅数 .http://www.stat.go.jp.

日本历年住房比例变化表　　　　　　　　表 1-2

年份	居住自有住房比例	居住租赁住房比例				
		合计	公营的租赁住房	都市再生机构的租赁住房	民营的租赁住房	给予住房（宿舍住房）
1968	43.61%	36.81%	5.76%	—	24.52%	6.54%
1973	49.10%	38.35%	6.91%	—	25.40%	6.04%
1978	52.64%	37.69%	5.32%	2.24%	24.67%	5.47%
1983	55.77%	35.97%	5.37%	2.23%	23.32%	5.05%
1988	55.58%	缺数据	5.30%	2.15%	缺数据	4.01%
1993	55.07%	37.56%	4.98%	2.07%	25.65%	4.87%
1998	56.18%	37.27%	4.75%	1.96%	26.72%	3.84%
2003	58.21%	36.21%	4.65%	2.00%	26.45%	3.11%
2008	58.80%	35.55%	4.21%	1.85%	26.73%	2.76%

资料来源：总务省统计局. 住宅の種類，所有の関係，居住室数·居住室の畳数别住宅数 .http://www.stat.go.jp.

第三节　第三个阶段：2001 年至今

该阶段的主要任务是解决市场机能和存量房问题。2000 年以后，日本的住房供需机制逐步得到恢复，房地产市场缓慢发展。住房价格保持平稳，东京都的土地价格长期保持在 110 万日元每平方米至 130 万日元每平方米的价格区间，除 2008 年达到 151 万日元每平方米外，其余年份均在 150 万日元以下。与此同时，随着日本城市化进程的放缓和老龄化社会的加剧，日本住房政策的关注点逐步转向老年人住房和住房空置问题。2001 年，日本制定《高龄者居住安定保障法》❶，加强老年人住房保障，建立高龄者优良租赁住房供应制度，为老年人提供住房保障。与此同时，随着日本社会老龄化的加剧，住房空置问题日益严峻。根据 2013 年的住房普查数据显示，日本的住房空置率为 13.5%，达到历史最高值。2014 年，日本制定《空置住房等对策的推进相关特别措置法》❷，推动空置住房的再利用成为日本住房政策的一项重要内容。此外，日本政府 2007 年对住宅金融公库进行重组，撤销"住房金融公库"，成立"住宅金融支援机构"，原有住宅金融公库业务由住宅金融支援机构承接。调整后，住宅金融支援机构除特殊情况外，不再直接向个人发放低息贷款，转而通过证券化的方式引导第三方金融机构为个人提供金融支援服务。

第四节　当前日本住房发展面临的挑战

1. 发展现状

根据日本统计年鉴 2017 数据 ❸，2013 年日本人口总数为 1.27 亿人，其中 65 岁以上老年人占社会总人口的比例为 28.8%，人口增长率为 −1.7%，连续 3 年出现总人口下降。国内生产总值为 480 万亿日元（约为 31 万亿人民币），人均国内生产总值为 377 万日元（约为 24 万元人民币❹，约为我国同期的 5.6 倍，我国 2013 年人均国内生产总值为 4.3 万元人民币）。2013 年日本劳动者家庭的月均收入为 468570 日元（约 2.97 万元人民币），平均家庭人数为 2.76 人，从业者人数为 1.51 人，平均年龄为 46.2 岁。按五分位阶（各 20%）计算，各位阶的平均收入分别为 239100 日元（约 15140 元人民币）、342552 日元（约 21690 元人民币）、422916 日元（约 26780 元人民币）、546313 日元（约 34590 元人民币）和 791970 日元（约 50150 元人民币）❺。根据 2013 年的"住宅·土地统计调查"❻，日本 2013 年的全国住宅总数为 6063 万户，总家庭数为 5245 万家庭，住宅数 / 家庭数的比值为 1.16。住房数量比 2008 年增加 304 万户，增幅为 5.3%，家庭数比 2008 年增加 248 万户，增幅为 5.0%。

---

❶ 资料来源：高齢者の居住の安定確保に関する法律（平成十三年四月六日法律第二十六号）
❷ 资料来源：空家等対策の推進に関する特別措置法（平成二十六年十一月二十七日法律第一百二十七号）
❸ 资料来源：总务省统计局.日本统计年鑑平成 30 年. http://www.stat.go.jp.
❹ 按 2013 年汇率，100 日元约为 6.3323 元人民币。
❺ 资料来源：总务省统计局.日本统计年鑑平成 27 年. http://www.stat.go.jp.
❻ 资料来源：总务省统计局.平成 25 年住宅·土地统计调查. http://www.stat.go.jp.

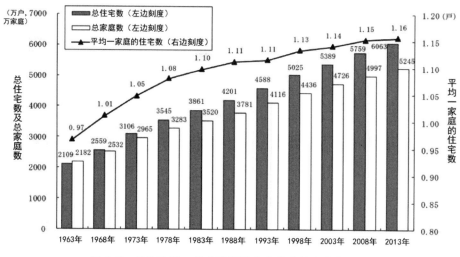

图 1-3　总住宅数、总家庭数及家庭住宅数比值变化图

资料来源：总务省统计局．平成 25 年住宅・土地统计调查．http：//www.stat.go.jp.

根据 2013 年的"住宅·土地统计调查"统计数据，2013 年日本住宅的套均面积为 94.42 平方米。从住户和住宅的所有权关系看，自有住房数量为 3216.6 万户，占 61.7%，租住住房数量为 1851.9 万户，约占 35.5%（其余部分住房为"所有关系、居室数不详"）。自有住房的平均面积为 122.32 平方米，租住住房的平均面积仅为 45.95 平方米。其中公营租赁住房的面积为 51.91 平方米，都市再生机构（UR）·公社租赁住房的面积为 50.19 平方米，民营租赁住房（木造）的面积为 53.74 平方米，民营租赁住房（非木造）的面积为 40.37 平方米，给与住房（即各种类型的单位宿舍，包括企业社宅）的面积为 52.60 平方米。

不同所有关系的住宅规模统计表　　　　　　　　　　　　　　　　　　　表 1-3

所有关系		平均每户住宅的居住房间数（室）		平均每户住宅的房间帖数（帖）		平均每户住宅的总面积（m²）	
		2013年	2008年	2013年	2008年	2013年	2008年
住宅总数		4.59	4.67	32.77	32.70	94.42	94.13
自有住房		5.69	5.80	41.34	41.44	122.32	122.63
租赁住房		2.67	2.75	17.90	17.78	45.95	45.49
其中	公营租赁住房	3.41	3.42	19.98	19.84	51.91	51.52
	都市再生机构（UR）·公社租赁住房	3.08	3.12	19.43	18.88	50.19	49.51
	民营租赁住房（木造）	3.05	3.06	19.81	19.40	53.74	52.01
	民营租赁住房（非木造）	2.33	2.37	16.34	16.01	40.37	39.28
	给与住房	2.79	3.00	19.78	20.17	52.60	53.17

注：所有关系包括"居住室不详"部分。

从住宅面积看，100 ～ 149 平方米住宅占比最高，约为 23.1%；其次为 70 ～ 99 平方米住宅，占比约为 19.5%，再次为 50 ～ 69 平方米住宅，占比约为 15.7%，150 平方米以上住宅占比约为 14.8%，30 ～ 39 平方米住宅占比约为 13.6%，39 平方米以下住宅占比约为 10.6%。100 平方米以下住宅合计占比为 59.4%。不同城市之间的住宅平均面积差异较大，套均住宅面积最大的为富山县，约为 152.18 平方米，面积最小的为东京都，面积仅为 64.48 平方米。

居住室的帖数、住房总面积表　　　　　　　　　　　　表 1-4

居住室的帖数·住房总面积	实际数量（1000户）		比例（%）		增减数（1000户）	增减率（%）
	2013年	2008年	2013年	2008年	2008～2013年	2008～2013年
总数*	52102	49598	100.0	100.0	2504	5.0
（居住室的帖数）	—	—	—	—	—	—
5.9帖以下	197	156	0.4	0.3	41	26.0
6.0～11.9帖	5325	4994	10.2	10.1	331	6.6
12.0～17.9	4864	4639	9.3	9.4	225	4.8
18.0～23.9	6625	6502	12.7	13.1	123	1.9
24.0～29.9	6739	6547	12.9	13.2	193	2.9
30.0～35.9	6780	6466	13.0	13.0	314	4.9
36.0～47.9	10811	9892	20.7	19.9	919	9.3
48.0～59.9	5110	4859	9.8	9.8	251	5.2
60.0帖以上	4235	4031	8.1	8.1	203	5.0
（总面积）	—	—	—	—	—	—
29m²以下	5539	5106	10.6	10.3	433	8.5
30～49m²	7094	6781	13.6	13.7	313	4.6
50～69	8176	8006	15.7	16.1	170	2.1
70～99	10145	9608	19.5	19.4	537	5.6
100～149	12032	11284	23.1	22.8	747	6.6
150m²以上	7699	7301	14.8	14.7	398	5.4

注：（1）*居住室的帖数包括总面积"不详"的情况。（2）1帖约为 1.62 平方米。

从家庭收入和家庭居住形式的关系看，家庭收入越高，自有住房的比重越高。家庭年收入 100 万日元以下的家庭，自有住房比例仅为 43.6%，家庭年收入 700 万日元以上的家庭，自有住房比例超过 80%。

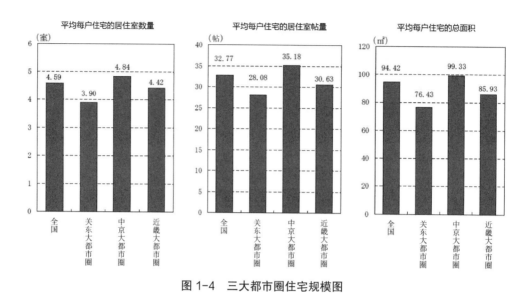

图 1-4　三大都市圈住宅规模图

2013 年日本家庭收入与居住形式的关系统计表　　　　表 1-5

家庭年收入 （万日元）	居住形式占比（%）							
	自有 住房	租住住房						其他※
		合计	公营租赁 住房	UR.公社 租赁住房	民营租赁住房 （木造）	民营租赁住房 （非木造）	给与 住宅	
家庭总合计	61.5%	35.4%	3.8%	1.6%	8.4%	19.6%	2.2%	—
少于100	43.5%	56.3%	10.6%	1.4%	15.1%	28.9%	0.4%	0.3%
100～200	50.7%	49.0%	9.7%	2.2%	13.9%	22.5%	0.8%	0.3%
200～300	60.3%	39.4%	5.0%	2.2%	10.1%	20.6%	1.6%	0.4%
300～400	62.4%	37.2%	3.0%	1.8%	8.9%	21.5%	2.1%	0.4%
400～500	66.2%	33.3%	1.7%	1.4%	7.6%	20.2%	2.5%	0.5%
500～700	72.2%	27.3%	0.9%	1.3%	5.6%	16.5%	3.1%	0.5%
700～1000	79.6%	20.0%	0.3%	1.0%	3.5%	11.6%	3.7%	0.4%
1000～1500	85.1%	14.5%	0.1%	0.8%	2.1%	8.7%	2.8%	0.4%
1500～2000	87.6%	11.9%	0.1%	0.4%	1.8%	7.3%	2.4%	0.4%
2000	89.3%	10.3%	0.1%	0.3%	1.5%	6.1%	2.4%	0.4%
不详	20.9%	39.8%	2.9%	1.8%	7.0%	25.7%	2.4%	39.3%

注：※ 其他包括同居世代和住宅以外建筑物居住世代。

资料来源：总务省统计局 . 平成 25 年住宅·土地统计调查 . http://www.stat.go.jp.

　　根据东京都统计年鉴显示，2013 年东京都共有住宅 647.26 万套 ❶，家庭数为 650.51 万户，居住人数为 1308.31 万人。其中，自有住房 296.21 万套，家庭数为 298.84 万户，

---

❶　资料来源：东京都总务局统计部 . 東京都統計年鑑平成 26 年 . http://www.toukei.metro.tokyo.jp.

居住人数为 731.76 万人。租赁住房 310.03 万套，家庭数为 310.60 万户，居住人数为 517.16 万人。租赁住房中：都营住宅 255585 套、福祉住宅 511 套、都民住宅 31299 套、区市村町住宅 31370 套、高优质住宅 1112 套、公社一般租赁住宅 63213 套、都市机构租赁住宅 167719 套，各类政府租赁型保障住宅合计 550809 套，相当于住宅总量的 8.5%，相当于租赁住宅总量的 17.8%，

2. 面临挑战

（1）老龄化社会问题

2010 年日本总人口达到巅峰，约 1.28 亿人，之后开始下滑。2010 年日本高龄者比例达 22.9%，2013 年则升高到 25%，比德国、法国、英国、加拿大、美国等都高，日本预测到 2025 年高龄人口将超过 30%。而 75 岁以上的后期高龄者 2010 年为 1419 万人，预计到 2025 年将继续增加到 2179 万人，首都圈则将迎来 572 万高龄者。高龄夫妇家庭或单身高龄者家庭在 2015 年为 1222 万户，到 2025 年预测会增至 1346 万户。可以预期，未来面向高龄者的住宅需求会越来越大。2014 年面向高龄者住宅的比例为 2.1%，全国规划提出在 2025 年前要将比例提高到 4%，且高龄者居住的住宅要达到一定的无障碍化要求，如符合房内至少有两处扶手、地面平整无落差的住宅比例要从 41%（2013 年）提高到 75% 等。❶

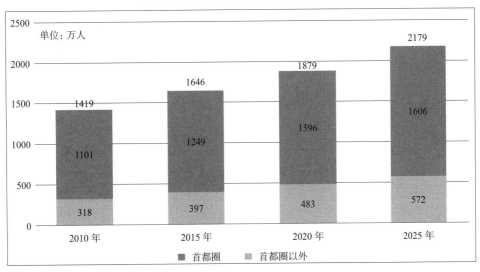

图 1-5　后期高龄者的人口变化图

资料来源：国立社会保障与人口问题研究所 . 未来人口预测 [C].2012.

---

❶　资料来源：国土交通省 . 住生活基本計画（全国計画）（2016 年 3 月 18 日内阁会议决定）.http://www.mlit.go.jp.

未来，一方面必须增加面向高龄者的租赁住宅供给，另一方面还必须与地区医疗、护理、社会福利合作，使高龄者能在住得习惯的地方独立安定地生活。2011年10月，日本开始施行《高龄者居住安定保障法》，依据该法规定，在无障碍构造的租赁住宅中，与医疗护理合作提供身心状况询问、生活咨询等服务的"面向高龄者的带服务住宅"必须到都道府县知事处备案。截至2015年11月末，共有19万户登记备案。

（2）住房空置问题

2013年日本空置房有820万户，空置率为13.5%，创历史新高。从各地区空置率的差异看，空置率最高的山梨县高达22.0%，空置率最低的宫城县也有9.4%，东京都的空置率为11.1%。整体而言，住房空置情况非常严重，大约每7套住房中就有1套住房空置。

随着总人口的减少，2019年日本家庭总户数将迎来高峰，预计达5307万户，2020年以后则将呈减少趋势，至2025年可能只有5244万户。❶目前已浮现出来的空置房问题将进一步加剧，空置房数量将继续增多，并将会影响社区的稳定性和居民的生活环境（防灾、治安、卫生等）等。如何合理改造、有效利用空置住房将是今后的一大课题。

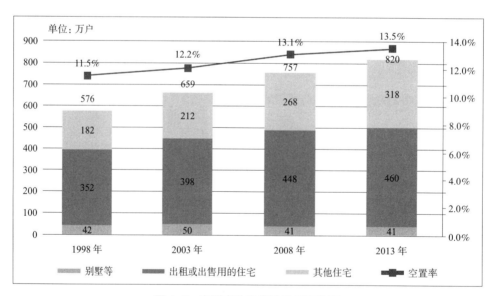

图1-6　空置房的种类及数量变化图

资料来源：总务省统计局．平成25年住宅·土地统计调查．http://www.stat.go.jp.

为应对上述问题，日本2014年颁布《空置房等对策的推进相关特别措施法》，规

---

❶　资料来源：国土交通省．住生活基本计画（全国计画）（2016年3月18日内阁会议决定）.http://www.mlit.go.jp.

定国土交通大臣及总务大臣制定空置房对策的基本方针（第 5 条），市町村根据国家基本方针制定对策计划（第 6 条），设置协议会（第 7 条）。市町村还必须在法律规定的限度范围内对空置房进行调查。随后，全国有 401 个自治体制定了空置房条例。❶

（3）适合生育家庭的住房问题

无论是高龄者住房问题还是空置房问题，其最大原因都来自少子高龄化，要从根本上解决该问题，必须提高人口出生率。日本 2013 年的出生率为 1.43%，尽管比 2005 年的 1.26% 出生率略有增加，但为了防止少子高龄化趋势加剧和人口减少，出生率必须更高。2015 年 9 月，日本首相提出希望将出生率提高到 1.8%。而为了实现这个目标，必须建设使年轻夫妇能够安心生儿育女的居住环境。如增加无障碍住房在住房总量中的比例，有效使用空置房等。2015 年，在地域优良租赁住宅制度中创设了育儿支援类型，将独栋的空置房改装成适合育儿的样式，如加装防跌落的装置等；补助致力于提供地域优良租赁住宅的房产商等。2013 年日本全国范围内有未成年人的家庭达到诱导居住面积水准的占 42%，修订后的新住生活基本规划提出该指标到 2025 年要达到 50%。

（4）困难家庭住房问题 ❷

所谓"困难家庭"是指低收入者、高龄者、残疾人、单亲家庭、受灾者等家庭或个人。根据《公营住宅法》，日本对住房困难的低收入者提供租金低廉的公营住宅。2007 年，为了进一步满足困难家庭的住房需求，制定了《关于促进给住宅确保要照顾者提供租赁住宅的相关法律》。

未来，单身高龄者家庭数量仍将继续增加，维持租赁住宅（包括公营住宅、地域优良租赁住宅等）的正常运营和管理、建立方便特殊群体入住的民间租赁住宅市场等，都是确保单身高龄者家庭安定安全居住的必要条件。

从房源储备上看，2013 年末，全国约有面向困难家庭的公营住宅 216 万套，2015 年末增加至 219 万套，随后则呈下滑趋势。2013 年，216 万套公营住宅中，房龄 30 年以上的多达 129 万套，占总量的 59%，整体而言住宅较为老旧。从公营住宅的需求上看，由于公营住宅租金低廉、民间租赁住宅不足等原因，公营住宅的申请人数较高，2013 年日本全国平均的公营住宅申请者竞争率高达 6.6，尤其在大城市，面向单身者的公营住宅的申请竞争率高达 58.5，公营住宅的数量急需增加。

此外，各地为了更好地为困难家庭提供居住环境良好的住宅，2007 年，日本制定了地域优良租赁住宅制度，作为供应住宅的一种补充制度。该制度鼓励地方公共团体、公社、机构、经认定的民间业者通过建设、改造等方式为高龄者、残疾者、育儿家庭

❶ 资料来源：空家等対策の推進に関する特別措置法（平成二十六年十一月二十七日法律第一百二十七号）
❷ 资料来源：泉水健宏 . 住生活基本計画の見直しと今後の住宅政策の在り方——居住者及び住宅ストックからの視点に立った課題の状況 [J]. 立法と調査：2016（1）.

提供居住环境良好的租赁住宅，并可享受一定比例的补贴。截至 2013 年，共建成一般型和老年人型的地域优良租赁住宅约 17 万户。

民间租赁住宅方面，无障碍化建设较晚，适合高龄者、残疾人居住的住宅较少。因此，2015 年，为了解决困难家庭的住房问题，创设了"住宅确保需要照顾者安心居住推进事业"，在居住支援协议会等的协作和管理下，向对无人居住的空房进行改造的房地产商提供补助。

另据统计，尽管住宅确保需要照顾者在实际入住民间住宅时，表示拒绝的比例很低（2015 年 3 月），但入住高龄者时，有排斥感的高达 60.2%，入住残疾人家庭时，有排斥感的为 67.3%，入住过程并非很顺利。对此，基于住宅确保要照顾者的有关法律，地方公共团体、不动产相关团体、居住支援团体等携手合作，设立居住支援协议会，给困难家庭提供支援。

（5）优质住宅与住宅更新问题

2013 年日本的住宅总量约为 6063 万套，其中实际居住房子约为 5210 万套。有人居住的房子中，1980 年前建设的、没有耐震性的约 900 万套，占 17%，符合无障碍、节能标准的仅约 200 万套，占 4%，符合其中一项的约 1300 万户，约占 25%。现有住房中优质房源偏少，未来日本住房性能提升和翻新的需求将大幅提升。

第二章 日本的住房保障制度

自 1950 年起，日本陆续颁布实施《住宅金融公库法》《公营住宅法》《日本住宅公团法》等多部法律，帮助中等和中低收入家庭解决住房困难问题，住宅金融公库、公营住宅、公团住宅被称为日本住宅政策的三支柱。在战后的 70 多年里，日本的住房保障制度经过了多次调整和改革，现有的住房保障模式和扶持政策与当初相比已有很大的变化，住房保障模式日趋多元和细化。

第一节 住宅金融公库和金融公库融资住宅

住宅金融公库是依据 1950 年《住宅金融公库法》，由政府全额注资成立的特殊法人，专门为政府、企业和个人建房购房提供长期、低利率贷款的公营公司。其设立的目的是建立一个永久性的、特殊的公营住宅金融机构，通过政府的财政投融资体制，将更多低成本的长期资金引入与民生相关的住宅领域，以满足广大国民健康、文明的生活及建房购房的资金需求，向那些难以从商业银行获得信贷的开发企业和个人提供资金支持[1]，以弥补民间融资长期资金不足和来源不稳定的缺陷。在日本的诸多政策性金融机构中，住宅金融公库的融资规模最大。住宅金融公库的资本金 100% 来自政府注资，其营运资金主要来源于四个方面：一是财政投融资体制贷款；二是中央政府给予的息差补贴；三是以公营特殊法人名义发行的特殊债券；四是回收的借贷资金等[2]。

住宅金融公库在解决日本居民住房问题中发挥了重要的作用，1950 年住宅金融公库成立时其资本金仅为 50 亿元[3]，到 2005 年时其资本金规模已达到 2237 亿元[4]。根据 2004 年末统计数据，从 1950 年至 2004 年 55 年间，日本住宅金融公库的总计融资户数达 1936 万户，相当于战后全部建设住宅总量的 30%，累计融资总额超 180 兆日元[5]。

---

[1] 资料来源：住宅金融公库法（昭和二十五年五月六日法律第一百五十六号）
[2] 资料来源：汪利娜.日本住房金融公库住房保障功能的启示 [J].经济学动态，2010（11）：126-130.
[3] 资料来源：住宅金融公库法（昭和二十五年五月六日法律第一百五十六号）
[4] 资料来源：日本维基百科.住宅金融公库 .https://ja.wikipedia.org/wiki.
[5] 资料来源：国土交通省.住宅の長期計画の在り方─现行の计画体系の见直しに向けて─ [C].2006.

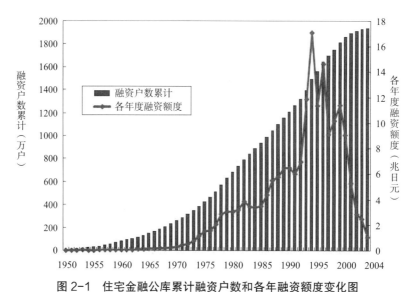

图 2-1　住宅金融公库累计融资户数和各年融资额度变化图

资料来源：国土交通省.住宅の長期計画の在り方－現行の計画体系の見直しに向けて－[C]. 2006.

从住宅金融公库的供应对象看，住宅金融公库的申请条件为月收入在还贷额的 5 倍以上，且房屋面积和用途符合自住标准 ❶。日本住宅金融公库的利用者以中等和中低收入家庭为主，根据日本国土交通省和住宅金融公库 2003 年的统计数据，当年住宅金融公库利用者的平均家庭年收入为 593 万日元，而普通民间贷款者的平均家庭年收入约为 729 万日元。金融公库的申请人群主要为年收入在 400 万 ~ 600 万日元和 600 万 ~ 800 万日元的家庭，上述两者的占比分别为 41.0% 和 25.7%❷，而当年日本家庭的年均收入约为 636 万日元 ❸。

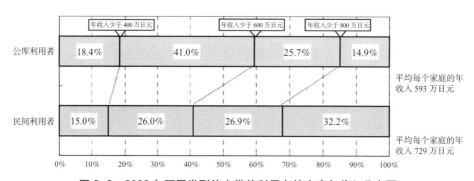

图 2-2　2003 年不同类型住宅贷款利用者的家庭年收入分布图

资料来源：国土交通省.住宅の長期計画の在り方－現行の計画体系の見直しに向けて－[C]. 2006.

❶　贷款房屋的面积标准为：面积 80 平方米以上 280 平方米以下的住宅。

❷　资料来源：国土交通省.住宅の長期計画の在り方－現行の計画体系の見直しに向けて－[C]. 2006.

❸　资料来源：总务省统计局.家計調査年報（二人以上の世帯）平成 16 年家計の概況. http://www.stat.go.jp.

从住宅金融公库的应用领域看，金融公库资金的应用范围最初是个人住房建设融资、租住住房融资，后来逐步向房屋翻新融资、购买公寓融资、市区重建融资、二手房融资、都市农村复合住宅融资、城市住房恢复重建融资和高龄者特别还款机制等领域拓展。

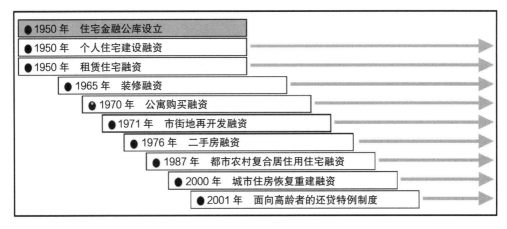

图 2-3　住宅金融公库的业务变迁图

资料来源：国土交通省．住宅の長期計画の在り方—現行の計画体系の見直しに向けて— [C]. 2006.

2007 年，住宅金融公库改革为住宅金融支援机构❶。改革的主要原因：一是自 2000 年起，日本推行《财政投融资制度的根本性改革方案》，邮政储蓄、养老金等不再强制存储于资金运用部门，可以在金融市场上自由流通，资金分配也转变为由市场来控制，自负盈亏，实行企业化管理。二是多年来住宅金融公库在一定程度上抑制了民间住宅信贷的发展。三是在低利率环境下，住宅金融公库的赤字风险不断增大❷。在此背景下，住宅金融公库改革为住宅金融支援机构。与改革前旧体制下公库直接向居民发放住房贷款不同，新的支援机构主要从事证券化的融资业务。住宅金融支援机构的资金来源也发生了明显的转变，由原来的财政投融资体制提供主要资金变为通过抵押支持债券或者抵押贷款证券化（MBS）市场获得，中央财政仅起到补充的作用❸。

---

❶　资料来源：独立行政法人住宅金融支援機構法（平成十七年七月六日法律第八十二号）

❷　资料来源：谢福泉，黄俊晖．日本住宅金融公库的改革及其启示 [J]．亚太经济，2013（2）：79-84.

❸　资料来源：谢福泉，黄俊晖．日本住宅金融公库的改革及其启示 [J]．亚太经济，2013（2）：79-84.

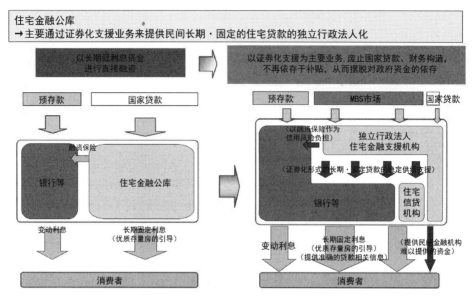

图 2-4 住宅金融公库改制前后运营模式比较图

资料来源: 国土交通省. 住宅の長期計画の在り方−現行の計画体系の見直しに向けて− [C]. 2006.

第二节 公营住宅

公营住宅是 1951 年根据《公营住宅法》，由地方公共团体（都道府县及市町村）建设、购入或征借，租赁或转租给低收入者的住宅及其附属设施❶。地方公共团体为缓解低收入者住宅不足的问题，在有必要的情况下，须实行公营住宅供给。国家在有必要的情况下，须向地方公共团体提供财政、金融及技术方面的援助。都道府县在有必要的情况下，须向市町村提供财政及技术方面的援助。从资金上看，根据《公营住宅法》，事业主体基于《住生活基本法》第十七条第一项❷规定的都道府县规划建设公营住宅时，在预算范围内，国家可补助该公营住宅建设所需费用❸的二分之一。事业主体依据都道府县规划建设附属公共设施等❹时，在预算范围内，国家可补助该附属公共设施建设等所需费用❺的二分之一。

从保障对象上看，公营住宅最初设定的保障对象为收入居最后 33% 的人群，1996 年《公营住宅法》修订后将保障对象调整为收入居最后 25% 的人群（称为"本来阶层"），

---

❶ 资料来源: 公营住宅法（昭和二十六年六月四日法律第一百九十三号）

❷ 资料来源: 公营住宅法（昭和二十六年六月四日法律第一百九十三号）

❸ 含为建设该公营住宅而拆除其他公营住宅或共同设施所需费用；不含为建设公营住宅获取土地所需费用及为购入公营住宅所需的土地获取费用。

❹ 仅限国土交通省令规定的公共设施。

❺ 为建设该共同设施而拆除其他公共设施或公营住宅的费用；不含为建设共同设施获取土地等所需费用及为购入公共设施所需的土地获取费用。

收入居于最后 25% ~ 40% 的人群（称为"裁量阶层"）可申请入住，但需要经由地方主管部门裁量。2011 年《公营住宅法》及相关施行政令再次调整，将"裁量阶层"调整为收入居于最后 50% 的人群。"裁量阶层"的裁量条件为家庭成员中有 50 岁以上或不足 18 岁的成员或家庭成员中有身体残疾、精神障碍或智力障碍的成员。

根据日本《公营住宅法》和 2011 年修订的《公营住宅法施行令》，公营住宅的"本来阶层（收入居最后 25% 分位的人群）"的家庭月收入上限为 25.9 万日元❶。根据 2011 年日本统计年鉴家庭收入统计，日本家庭的年均收入为 630 万日元，而公营住宅家庭的年均收入约为 413 万日元，公营住宅家庭的年均收入约为全体家庭平均水平的 66%❷。

从租金上看，公营住宅的租金主要依据入住者的收入及该公营住宅的区位和设施条件、规模、建成年数等决定，低于附近同类住宅的租金❸。具体计算公式为：

租金 =（租金算定基础额）×（市町村立地系数）×（规模系数）×（建成年数系数）×（便利性系数）。

其中：租金算定基础额主要依据家庭收入分位和家庭月收入决定，租金算定基础额约为家庭收入的三分之一。

租金计算基础额计算表　　　　表 2-1

收入分位		入住者家庭收入（日元）	租金算定基础额（日元）
1	0 ~ 10%	0 ~ 104000	34400
2	10% ~ 15%	104001 ~ 123000	39700
3	15% ~ 20%	123001 ~ 139000	45400
4	20% ~ 25%	139001 ~ 158000	51200
5	25% ~ 32.5%	158001 ~ 186000	58500
6	32.5% ~ 40%	186001 ~ 214000	67500
7	40% ~ 50%	214001 ~ 259000	79000
8	50% ~ 100%	259001	91100

市村町立地系数由国土交通大臣决定，数值在 0.7 ~ 1.6 之间❹，规模系数 = 居住面积 ÷65 平方米，建成年数系数即建成使用时间系数，其中木造建筑的建成年数系数 =1- 0.0087× 建成年数，非木造建筑的建成年数系数 =1- 0.0039× 建成年数。便利性系数是住宅所处区位和服务便利性的系数。

---

❶ 资料来源：公营住宅法施行令（昭和二十六年政令第二百四十号）
❷ 资料来源：总务省统计局 . 日本统計年鑑平成 23 年 . http://www.stat.go.jp.
❸ 即使进行了基于第三十四条规定的请求，公营住宅入住者亦不回应该请求时。
❹ 市町村立地系数由国土交通大臣确定，数值在 0.7 ~ 1.6 之间不等。如东京都千代田区的数值为 1.6，北海道札幌市的数值为 1.0，冲绳县宫古岛市的数值为 0.75.

根据《公营住宅法》，对于"收入超过者"，即在公营住宅持续居住三年以上，当其收入超过政令规定的标准（25%收入分位）时，须退出公营住宅。如未退出，其租金计算方法为：

收入超过者租金 = 通常算定的租金 +（附近同类住宅租金－通常算定租金）× 超过系数。

超过系数的计算方式为：

超过系数计算表 表2-2

收入分位		入住者家庭收入（日元）	超过系数
5	25% ~ 32.5%	158001 ~ 186000	1/5
6	32.5% ~ 40%	186001 ~ 214000	1/4
7	40% ~ 50%	214001 ~ 259000	1/2
8	50%以上	259001	1

对于"高额收入者"，即在公营住宅持续居住5年以上，最近两年收入连续超过政令规定的标准获取高额收入（即60%收入分位，按现行标准为397000日元）时，事业主体可限期要求其退出该公营住宅。若未按期退出，事业主体每月可收取等同于附近同类住宅二倍租金金额以下的租金❶。

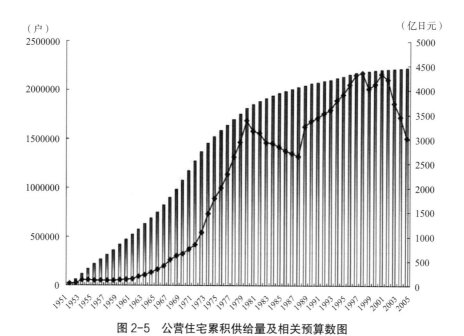

图2-5 公营住宅累积供给量及相关预算数图

---

❶ 资料来源：公营住宅法（昭和二十六年六月四日法律第一百九十三号）

从公营住宅的规模上看，1973年以前公营住宅一直保持较快速度增长，在1968～1973年5年间，公营住宅住户从139万户增加至198.5万户，占总户数的7.9%，年均增长11.8万户。1973年之后，公营住宅住户数增速放缓甚至回落，维持在170万～200万户左右。2008年，日本公营住宅住户208.8万户，约占总户数的4.5%[1]。

第三节　住宅公团和公团住宅

1955年，日本制定《日本住宅公团法》，成立日本住宅公团，目的是在住宅严重不足的地区为住房困难的劳动者提供大规模带有耐火性能的住宅及宅地，并为建造健全的新市街地进行土地规划整理事业，以此为国民生活的安定和社会福祉的推进作贡献[2]。公团的主要事务所设在东京，也可在必要地区设置从属事务所。

住宅公团成立时的资本金包括中央政府的60亿日元资金和地方公共团体的资金，合计约72亿日元。政府及地方公共团体在获得建设大臣的认可后可增加资本金。政府及地方公共团体在向公团出资时，可以土地或建筑物以及其他土地上的构筑物作价出资。住宅公团的业务范围非常广泛，除住宅的建设、租赁、管理和转让外，还可以进行宅地的整理和规划[3]。日本住宅公团经历过3次大的改革，1981年"日本住宅公团"和"宅地开发公团"合并为"住宅·都市整备公团"，1999年"住宅·都市整备公团"改革为"都市基盘整备公团"，2004年"地域振兴整备公团"的地方都市开发整备等部门与"都市基盘整备公团"合并成为"都市再生机构"[4]，不再直接进行住宅建设，而是将业务重点放在城市基础设施的整备、租赁住房供给和管理等[5]方面。截止2008年，都市再生机构的资本金已高达10006亿日元[6]。

从保障对象看，日本公团住宅（都市租赁住宅）的申请条件为月平均收入额达到标准收入额（房租的4倍，或月收入超过33万日元）或储蓄额达到标准储蓄额（月租

[1] 资料来源：总务省统计局.住宅の種類，所有の関係，建築時期別住宅数.http://www.stat.go.jp.
[2] 资料来源：日本住宅公团法（昭和三十年七月八日法律第五十三号）
[3] 《日本住宅公团法》（已废止）第三十一条规定："公团为达成第一条的目的进行以下业务。（1）进行住宅的建设、租赁及其他管理和转让。（2）进行宅地的建造、租赁及其他管理和转让。（3）建设、租赁、管理及转让公团所租赁或转让住宅及谋求公团所租赁或转让宅地上建筑的住宅之居住者便利的设施。（4）进行前三号所示业务的附带业务。（5）实施土地规划整理事业。（6）在保证顺利完成前五号业务的情况下，通过委托，进行住宅建设及租赁和其他管理、宅地的建造及租赁和其他管理，并进行设施的建设及租赁和其他管理"。
[4] 资料来源：UR都市机构.ＵＲ都市機構の歩み.http://www.ur-net.go.jp.
[5] 资料来源：日本公团住宅经验之鉴.中国房地产报，2011-11-15.
[6] 资料来源：国土交通省.都市再生機構の変遷.

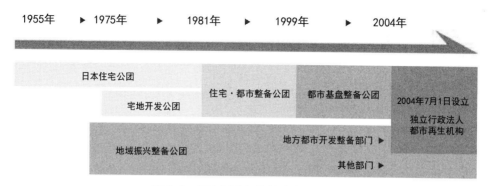

图 2-6　都市再生机构的演变沿革图

资料来源：UR 都市机构 . Ｕ R 都市機構の歩み . http：//www.ur-net.go.jp.

金的 100 倍以上），或月收入到达标准收入额二分之一以上且储蓄额在月租金的 50 倍以上 ❶。

从租金水平看，公团住宅的租金价格参考周边房屋市场价格，综合考虑建筑构造、面积、楼层、方位、日照等因素决定 ❷。在此基础上，部分特殊情况家庭予以租金优惠。如家庭成员年龄超过 60 岁、收入居 25% 分位以下的家庭可申请高龄低收入家庭优惠，租金减半（最高减免额不超过 25000 元）；家庭收入居 40% 分位以下，家里有 1 个小学毕业前儿童或 3 个不满 18 岁的子女，可申请育儿家庭租金优惠，租金减半（最高减免额不超过 25000 元）❸；此外，对于团地更新中的困难家庭等也有一定的优惠政策。

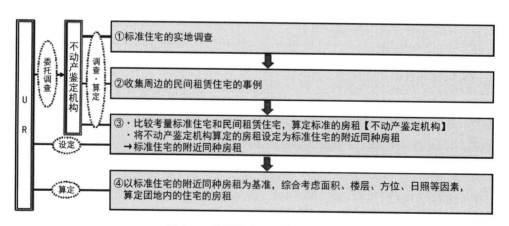

图 2-7　公团住宅租金算定方法图

资料来源：UR 賃貸住宅の家賃算定の考え方について . http：//www.ur-net.go.jp.

---

❶　资料来源：UR 都市機構の賃貸住宅お申込み資格について .http://www.ur-net.go.jp.
❷　资料来源：UR 賃貸住宅の家賃算定の考え方について . http://www.ur-net.go.jp.
❸　资料来源：UR 賃貸住宅の家賃減額制度 Q&A. http://www.ur-net.go.jp.

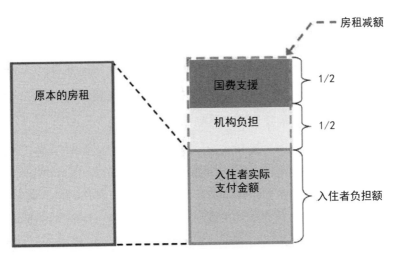

图 2-8 面向高龄者和育儿家庭的地域优良租赁住宅的房租减额制度图
资料来源：ＵＲ賃貸住宅の家賃減額制度 Q&A. http://www.ur-net.go.jp.

从住宅公团的业务规模看，在住宅公团成立的前 30 年，公团住宅的供应规模增长较为迅速，1955～1964 年、1964～1975 年和 1975～1984 年，三个十年新增供应租赁型公团住宅的套数分别为 17.2 万套、32.4 万套和 15.9 万套。随后，租赁型公团住宅的供应速度开始放缓，每十年新增供应公团住宅套数约为 10 万套左右。1997 年，日本停止公团住宅销售类业务。截至 2007 年，日本公团住宅租赁住户约为 76.9 万户，累计销售公团住宅约 67.7 万套。

1955 年至 2007 年公团住宅供应类型和数量统计表 表 2-3

类型		1955年～1964年	1965年～1974年	1975年～1984年	1985年～1988年	1989年～1998年	1999年～2007年
租赁住宅	管理户数	172000	495000	652000	687000	726000	769000
	供应户数	172000	324000	159000	36000	78000	95000
出售住宅（户数）		105000	184000	214000	54000	96000	24000

资料来源：国土交通省. 都市再生機構の変遷.

第四节 地方住宅供给公社和公社住宅

1965 年，为解决中低收入家庭住房问题，日本制定《地方住宅供给公社法》，允许符合条件的城市成立地方住宅供给公社，解决劳动者住房问题。和公营住宅、公团住宅以及住宅金融公库相比，地方住宅公社最大的特点是允许开展"积立分让（储蓄销售）住宅"业务，即购房者与地方住宅公社签订积立分让住宅协议，确定销售价格、储蓄金额、交付时间以及剩余金额的支付方式等。购房者按约定进行购房储蓄（积立金），地方住房供给公社按约定时间建设住房，当到达约定储蓄金额后移交住房，购房者继续支付剩余款项的制度。《地方住宅供给公社法》第一条明确规定，地方住宅供给公社成立的目的是在住宅明显不足的地区接受需要住宅的劳动者的资金，并与其他资金合并运用，目的是为这些劳动者提供居住环境良好的集合住宅以及供此用途的宅地，为住民的生活安定与社会的福祉增进作贡献❶。

地方住宅供给公社（简称"地方公社"）是非营利法人❷。非地方公共团体（都道府县及市町村）不能向地方公社出资，设立团体（指设立地方公社的地方公共团体）必须出资相当于地方公社基本财产额二分之一以上资金或其他财产。地方公社须依据政令规定进行注册，地方公社要在其主要事务所所在地经过注册方可成立。地方公社在非都道府县或非政令指定的人口五十万以上的城市不可设立，设立地方公社须经过议会决议，制定章程及业务方法书，并获得国土交通大臣的同意后方可设立。地方公社章程的变更须得到国土交通大臣的许可才能生效。

地方住宅供给公社的业务范围主要包括住宅积立分让及其附带业务；建设、租赁、管理及转让住宅；建设、租赁、管理及转让以供住宅之用的宅地；在市街地中建设、租赁、管理及转让适合与地方公社住宅建设配套建造的用于商店、事务所等用途的设施；建设、租赁、管理及转让与住宅的宅地配套的用于建造学校、医院、商店的宅地；建设、租赁、管理及转让在地方公社租赁、转让的住宅及地方公社租赁、转让的宅地上建造的以供住宅居住者之便的设施；实施水面填埋；依据委托进行住宅的建设、租赁及其他管理，宅地的建设、租赁及其他管理，以及在市街地中自行或依据委托进行建设、租赁和管理适合与住宅配套建设的商店、事务所等的设施和为集团住宅中的居住者提供便利的设施等。

此外，依据《公营住宅法》和《地方住宅供给公社法》，地方住宅供给公社可在获得管理该公营住宅或公共设施事业主体的同意后，对公营住宅或公共设施进行管理（不含决定房租及要求、征收和减免房租、押金及其他资金）。

地方住宅供给公社可以发行债券。在富余资金的使用方面，除购买国债、地方债及国土交通大臣指定的其他有价证券，向银行及国土交通大臣指定的其他金融机构存款，或国土交通省令制定的其他方法外，不得用于其他任何用途。

从提供的产品上看，地方住宅供给公社提供的产品包括积立分让住宅、一般分让住宅、租赁住房、宅地让渡等。从其供给的对象上看，积立分让住宅的销售对象为：

---

❶ 资料来源：地方住宅供给公社法（昭和四十年六月十日法律第一百二十四号）
❷ 资料来源：日本维基百科．法人．https：//ja.wikipedia.org/wiki 日本地方住宅供给公社法第四十六条，地方公社在设立之际，直接以出资目的取得本来供其业务之用的不动产时，不得对此课以不动产税。在超出第二十一条第二项规定收入额的一定金额内，不对此超出金额课以所得税。

非通过住宅积立方式无法获得自住住宅的人，且能够按照积立分让合同约定的支付方式支付储蓄金和剩余款项的人。申请者需已婚或有共同居住的亲属，且有支付剩余款项的保证人 ❶。公社住宅的租赁对象为：家庭月收入为租金的 3 倍以上，从事现在的职业 1 年以上。公社住宅的租金参考市场租金，但是对于育儿家庭、新婚家庭、30 岁以下的年青人或家庭等有租金优惠。

从功能上看，地方住宅供给公社是地方重要的保障住房供应和管理机构。以日本东京都住宅供给公社为例，该公社 1966 年 4 月 1 日根据《地方住宅供给公社法》成立，主要承担公社住宅等各类出售和租赁住宅的供应和管理业务，1989 年 4 月 1 日东京都公营住宅公社并入东京都住宅供给公社。目前，东京都住宅供给公社的业务主要包括三个内容：租赁住宅事业、公营住宅等受托管理事业和建设事业。

根据东京都 2016 年统计数据，2013 年东京都共有住宅 647.26 万套 ❷，其中各类政府租赁型保障住宅 55.08 万套。根据东京都住宅供给公社统计数据，截至 2016 年 3 月 31 日，东京都住宅供给公社合计管理住宅 34.73 万套，约占各类政府租赁型保障住宅的 63%，其中公社住宅 76445 户，受托管理的都营住宅 259570 户，应急住宅（国家公务员宿舍）512 户 ❸，区营住宅 8269 户，东京都各局职员住宅 2493 户。

东京都住宅供给公社住宅管理户数统计表　　　　　　表 2-4

住宅管理户数		347289户
（1）公社住宅事业		76445户
■公社租赁住宅		75939户
其中	一般租赁住宅	63622户
	公社施行型都民住宅	8253户
	民间活用型都民住宅	4064户
■高龄者护理住宅		370户
■高龄者养护住宅		136户
（2）受托事业		270844户
■都营住宅		259570户
其中	都营住宅	255695户
	东京都施行型都民住宅	3875户
■应急住宅（国家公务员宿舍）		512户
■区营住宅等		8269户
■东京都各局职员住宅等		2493户

资料来源：东京都住宅供给公社 .http：//www.to-kousya.or.jp.

❶　资料来源：地方住宅供给公社法施行规则（昭和四十年七月十日建设省令第二十三号）
❷　资料来源：东京都总务省统计部 . 东京都统计年鑑平成 26 年 . http：//www.toukei.metro.tokyo.jp.
❸　资料来源：东京都住宅供给公社 . http：//www.to-kousya.or.jp.

第五节 特定优良租赁住宅

特定优良租赁住宅是根据 1993 年《特定优良租赁住宅供给促进法》❶ 而设定的住房保障类型。特定优良租赁住宅设定的目的是解决中等偏下收入人群的住房问题。其设立的原因是当时日本家庭租赁住房的居住条件较差，租赁住房家庭的居住面积仅为自有家庭住房面积的三分之一 ❷。为提高中等偏下收入家庭的居住水平，通过地方政府建设、住宅公社建设、租用民间用地建设（定期借地制度）、租用民间住宅（定期借家制度）或由房东或第三方委托机构供应等方式，为中等偏下收入家庭提供优质的租赁住房。通过民间方式筹集的特定优良租赁住宅，最低管理期限必须在 10 年以上。特定优良租赁住宅的面积要求为 50 平方米以上 125 平方米以下，每个供应点一般要求 10 套住房以上。

从供应对象上看，特定优良租赁住宅的供给对象主要为收入分位居于 25% ~ 50% 的家庭，收入分位低于 25% 或收入分位居于 50% ~ 80% 的家庭，属于裁量阶层，需符合地方政府的裁量标准方可入住 ❸。

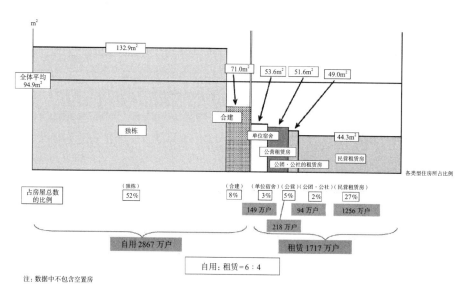

图 2-9 日本不同类型房屋所占比例及面积图

资料来源：国土交通省住宅局 . 公的賃貸住宅等をめぐる現状と課題について . http：//www.mlit.go.jp.

---

❶ 资料来源：特定優良賃貸住宅の供給の促進に関する法律（平成五年法律第五十二号）
❷ 资料来源：会計検査院 . 平成 15 年度決算検査報告 . http：//report.jbaudit.go.jp.
❸ 资料来源：特定優良賃貸住宅の供給の促進に関する法律（平成五年法律第五十二号）

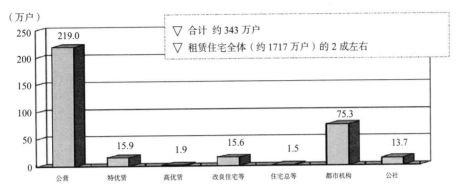

（注1）2004年末调查

（注2）租赁住宅全体户数（约1717万户）依据2003年住宅·土地统计调查（不包括空置房）

（注3）①公营：公营住宅

　　　　②特优赁：特定优良租赁住宅、特定公共租赁住宅、准特定优良租赁住宅、地域特别租赁住宅

　　　　③高优赁：面向高龄者优良租赁住宅

　　　　④改良住宅等

　　　　⑤住宅总等：住宅市街地综合整备事业、密集住宅市街地整备促进事业、再开发住宅建设事业等建造的住宅

　　　　⑥机构住宅：都市再生机构提供的租赁住宅

　　　　⑦公社住宅：地方住宅供给公社提供的租赁住宅。

（注4）都市再生机构提供的高优赁（1.4万户）不包括在机构住宅内，计入高优赁。

（注5）地方住宅供给公社提供的特优赁、高优赁（7.5万户）不包括在公社住宅内，计入特优赁、高优赁。

图2-10　日本不同类型公共租赁住宅的数量图

资料来源：国土交通省住宅局.公的賃貸住宅等をめぐる現状と課題について.http://www.mlit.go.jp.

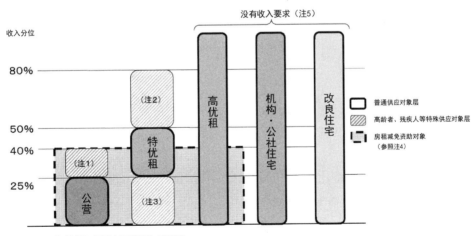

注：1.针对高龄者，经事业主体酌情处理，可以设定。

　　2.经知事等酌情处理，可以设定。

　　3.针对收入有望增加者，经知事等酌情处理，可以设定。特优租的供应对象是家有小孩的家庭。

　　4.适用于2006年以后开始管理的住宅。

　　5.对于改良住宅，以前的入住者退房腾空房屋后，按照公营住宅相关规定，公开募集收入分位在12.5%以下的入住者

（经事业主体酌情处理，可以提高到20%）。

图2-11　日本不同类型公共租赁住宅的供应对象图

资料来源：国土交通省住宅局.公的賃貸住宅等をめぐる現状と課題について.http://www.mlit.go.jp.

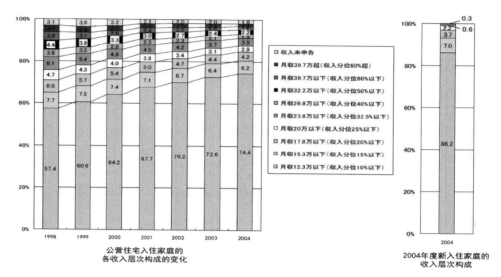

图 2-12 日本公营住宅入住家庭的收入构成图

资料来源：国土交通省住宅局．公的賃貸住宅等をめぐる現状と課題について．http://www.mlit.go.jp.

在特定优良租赁住宅政策下，有给予建设者和租赁者两种不同类型的补助。在建设者补助方面，如果属民间建设的，国家和地方政府各补贴共同设施整备费的三分之一。如果属公社等建设的，由国家和地方政府各补贴全部工程费用的六分之一。如果属公共团体建设的，由国家补贴全部工程费用的三分之一❶。

特定优良租赁住房的租金参同类型商品住房市场租金标准收取，但符合条件的家庭可予以一定的减免。具体为：2005 年以前，收入分位居 50% 以下的家庭，可获得与负担标准额之间的差额补助。2005 年以后，调整为收入居 40% 以下的育儿家庭，每年予以 4 万日元的补助❷。

第六节　其他

除了上述类型外，日本还有几种特定类型的住房保障政策，如老年人优良住宅供给、长期优质住宅供给等等。本书不一一介绍。

第三章　日本的住房规划制度

第一节　日本的住房规划体系和事权划分

日本是个注重住房规划编制和实施的国家。自 1945 年战争结束以来，日本政府组织编制了多版的住房规划和建设计划，确定各时期住房发展的目标、主要任务、住宅建设规模和住宅产业的发展方向，对日本的住房发展起到了良好的引导和推动作用。

日本与住房相关的法律法规主要有"两个层次，三种类型"。"两个层次"：一是由国会制定的全国层面的住房法律，如《住生活基本法》《公营住宅法》《日本住宅公团法》等；二是由都道府县地方立法机关制定的地方性条例，如规范东京住房发展的《东京都住宅基本条例》等。"三种类型"：一是界定国家和地方公共团体的基本责任，明确公民的基本住房权利并提出住房规划和基本管理框架的法律，如《宪法》❶《住生活基本法》❷（2006 年以前为《住宅建设规划法》）❸《公营住宅法》等。二是规范规划管理体系，并对规划内容做出详细要求的法律，如《城市规划法》❹《首都圈整备法》❺ 等。三是规范特定类型或特定地区的开发或建设行为的法律，如规范新住宅区开发的《新住宅市街地开发法》❻规范旧住宅区改造的《住宅地区改良法》❼规范大都市地区住宅用地供应的《有关大都市区域促进住宅以及住宅用地供给的特制措施法》❽ 等。日本通过这三种类型的法律，分别从职责界定、规划管理和开发引导等三个方面促进住宅有序规划和开发建设。

日本战后系统组织编制住房建设规划，是依据 1966 年制定的《住宅建设规划法》开展的。该法的目的是针对住宅建设，通过制定综合性规划，谋求其妥善实施，以推动国民生活的安定和社会福祉的增进。该法规定了国家和地方公共团体在住房建设规

---

❶　资料来源：凌维慈.公法视野下的住房保障——以日本为研究对象 [M].上海：上海三联出版社，2010 年.

❷　资料来源：住生活基本法（平成十八年六月八日法律第六十一号）

❸　资料来源：住宅建设计画法（昭和四十一年六月三十日法律第一百号）

❹　资料来源：都市計画法.（昭和四十三年法律第一百号）

❺　资料来源：首都圈整备法.（昭和三十一年法律第八十三号）

❻　资料来源：新住宅市街地开发法.（昭和三十八年法律第一百三十四号）

❼　资料来源：住宅地区改良法（昭和三十五年法律第八十四号）

❽　资料来源：大都市地域における住宅及び住宅地の供給の促進に関する特別措置法（昭和五十年法律第六十七号）

27

划和实施中的责任与义务："国家及地方公共团体，须依据住宅需求及供给的长期性前景预测，按照实际住宅情况，实施相关住宅措施"，并明确规划不限于公共资金建设的住房，对民间建设的住宅也作综合性的规划。

关于住房建设规划的制定程序，该法规定：

（1）建设大臣须听取住宅对策审议会的意见，在国民住生活达到合理水平前，从1966年开始，每5年为一期制定住宅建设相关规划（以下称"住宅建设五年规划"）方案，并征得内阁会议的决定。

（2）五年规划通过内阁会议决议后，建设大臣须依据住宅建设五年规划，听取住宅对策审议会的意见，制作依据政令规定的各地方住宅建设五年规划（即北海道、东北、关东、东海、北陆、近畿、中国、四国、九州、冲绳等10个地方住宅建设五年规划）。

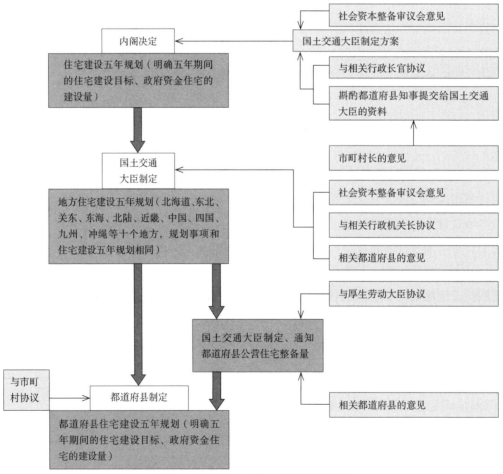

图 3-1　日本住宅建设五年规划体系图

（3）建设大臣在制作地方住宅建设五年规划时，须预先与相关行政机关长进行协议，并听取都道府县的意见。制定完毕后，迅速通知相关都道府县，然后建设大臣再基于地方住宅建设五年规划，听取相关都道府县的意见，与厚生大臣协议，决定都道府县各区域五年间公营住宅建设量。

（4）都道府县在收到建设大臣制定的地方住宅建设五年规划后，须迅速与市町村进行协议，并根据此规划，充分考虑该都道府县制定的综合开发规划，制定该都道府县住宅建设五年规划。此时须明确公营住宅及其他公共团体建设住宅，以及涉及地方公共团体补助金、贷款等财政援助住宅的建设量。制定好后，再汇报给建设大臣。都道府县在制作或实施住宅建设五年规划时，建设大臣可根据需要要求相关行政长官提交必要材料，或对其所管辖公共资金住宅的建设标准、扶助条件及住宅供给提出相关建议。

2006年6月，日本颁布《住生活基本法》，取代了《住宅建设规划法》。《住生活基本法》对住房规划体系进行了调整，用"住生活基本规划"取代了"住房建设规划"，其编制周期也从5年延长至10年。在规划体系方面，由原来国家、地方、都道府县三个层次的规划调整为全国规划和都道府县规划两个层次。

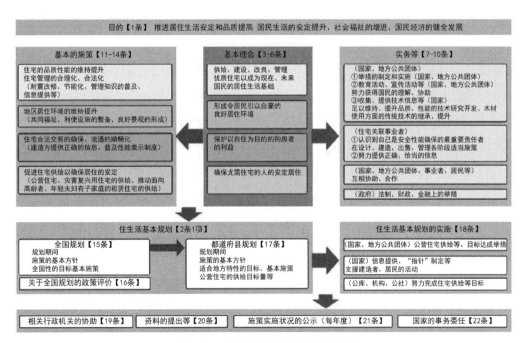

图3-2　日本住生活基本法的概要图

第二节 国家层面住房规划的发展历程和主要内容

日本国家层面住房规划的发展大致经历了三个阶段:

1.1945 ~ 1965 年:《住宅建设规划法》实施以前的住房建设规划

1966 年日本《住宅建设规划法》制定和实施以前,日本主要有三项具有较大影响的住房规划,分别为《罹灾都市应急简易住宅建设纲要》、《公营住宅三年规划》和《住宅建设十年规划》。

1945 年 9 月,日本政府制定战后首个住房建设规划——《罹灾都市应急简易住宅建设纲要》,该规划的主要目的是合理运用国库资金,在全国建设 30 万套过冬用简易住宅,解决战后住房短缺问题。随后,政府颁布《住宅紧急措置令》,规定军用房可改造为民房居住,并颁布《临时建筑制限令》,保障建筑材料优先用于住房建设,确保建设住宅时有建材可用。1951 年,日本制定《公营住宅法》❶,根据《公营住宅法》第六条规定,自 1952 年起国家、都道府县、市村町三个层面,均需编制三年为一期的《公营住宅建设三年规划》,明确公营住宅的建设量、建设类型和资金投入规模。《公营住宅建设三年规划》为推动全国的住宅建设发挥了巨大作用。1955 年,鸠山内阁制定了《住宅建设十年规划》,主要是为了解决住房不足、增加未来 10 年的住房量。根据该规划安排,日本在东京、名古屋、大阪、福冈设置"日本住宅公团",以建造谁都可以入住的国营住宅,仅 1956 ~ 1957 年两年就建造 35000 户公团住房,显示了强大的建设能力,有序地推进了住宅团地开发。1960 年,池田内阁提出"收入倍增计划",又制定《关于推进量产公营住宅的纲要》,加大住房的量产❷。这一系列措施有效地缓解了战后住房数量短缺的局面,但日本政府也认识到这仅是权宜之策,需制定长期的规划。

2.1966 ~ 2005 年:《住宅建设规划法》和八期五年住房建设规划

1966 年,日本颁布实施《住宅建设规划法》❸。根据《住宅建设规划法》第四条规定,日本自 1966 年开始,编制每五年为一期的住宅建设五年规划❹。通过编制住宅建设五年规划,明确未来五年住房发展的目标、住宅的建设量、公共资金的使用、居民的可负担能力、房子的规模、构造以及设施的配套等。自 1966 年开始,日本一共编制了 8 期的五年建设规划,直至 2006 年结束。不同时期,日本的住宅建设规划提出不同的发

---

❶ 资料来源:住宅建设计画法(昭和四十一年六月三十日法律第一百号)

❷ 资料来源:永野义纪.住宅政策と住宅生产の変遷に関する基础的研究—木造住宅在来工法に係わる振兴政策の変遷[D].九州大学学术情报リポジトリ,2006 年.

❸ 资料来源:住宅建设计画法(昭和四十一年六月三十日法律第一百号)

❹ 资料来源:国土交通省.住宅建设计画法及び住宅建设五箇年计画のレビュー.http://www.mlit.go.jp.

展目标❶:

（1）第一期五年规划（1966 ~ 1970 年）: 实现一户一宅

1964 年，东京奥运会召开，日本向世界展现出一片欣欣向荣、蒸蒸日上的景象。两年后的 1966 年 7 月，第一个住宅建设五年规划通过内阁会议并开始实施，其总目标是实现一个家庭一所住宅，使小家庭拥有 9 贴❷（14.6 平方米）以上、一般家庭能拥有 12 贴（19.4 平方米）以上的住房；建设大约 670 万户质量过关的住房（实际上建造了 674 万户，实现率为 100.6%），其中规定由政府资金建设的住宅必须达到 270 万户，约占住房建设总量的 40%（政府资金实际建造住房为 256.5 万户，完成率达 95.0%）。

具体实施举措包括：①国家和地方公共团体为低收入者及城市劳动者建设或支援建设住宅；②在住宅用地供应、融资或税制支持、技术援助等方面对民间建设提供帮助；③促进现有市街地住宅的提升，建造新开发住宅区的公共设施及公益设施。

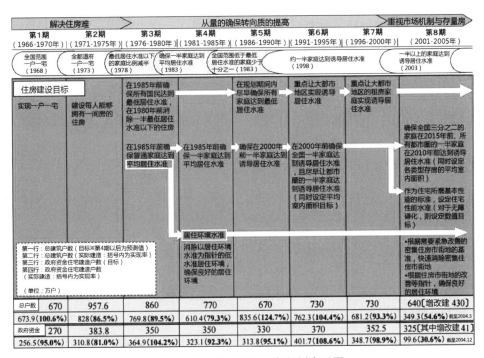

图 3-3　日本住宅建设五年规划变迁图

资料来源: 日本国土交通省《住宅建设计画法及び住宅建设五箇年计画のレビュー》，http://www.mlit.go.jp。

（2）第二期五年规划（1971 ~ 1975 年）: 实现一人一间房

1969 年 3 月，内阁会议决议通过第二期住宅建设五年规划，并设定"实现一人一

❶ 资料来源: 国土交通省 . 住宅建设计画法及び住宅建设五箇年计画のレビュー . http://www.mlit.go.jp.

❷ 1 贴约等于 1.62 平方米。

间房"的发展目标。具体而言，在 1975 年之前，让所有小家庭住上 9 帖（14.6 平方米）以上的住房，让一般家庭住上 12 帖（19.4 平方米）以上的房子，且确保住宅是结构合理、设备完善、环境良好的住宅；建设 958 万套住房，实现家庭每个成员拥有一室的住宅（实际上建成 828 万户，实现率为 86.5%）。

具体实施举措包括：①推进政府建造住宅管理的科学化；②促进住宅的高层化及市街地的再开发，以实现居住、工作近距离，以及改善居住环境；③为了顺利开展新开发市街地的住宅建设，政府机构和民间协力合作；④进一步提高住宅生产工业化水平和住宅建设品质等。

在第二期住宅建设五年规划实施期间，日本住宅总数进一步增加，根据 1972 年数据，日本住房总数达到 3105.8 万套，比家庭总户数多出 0.05%，基本上满足了日本国民住房总量需求。人口总量达到 11194 万人，平均家庭人口规模持续减少，到 1975 年减少至 3.28 人。

从整体上看，第二期住宅建设五年规划实施期间，住宅建设取得了不错的成绩，但住房建造数量仅为设定目标的 86.5%，实现率并不是很理想。究其原因，主要包括三个方面的因素：一是 1973 年的第一次石油危机，给日本经济带来较大影响。二是在规划实施过程中，日本政府逐渐将住房发展目标由增加住房数量，转向提高居民住房质量。1972 年 6 月，田中角荣出版了《日本列岛改造论》，提出"国民目前最为期求的是消除过度密集或过度稀疏带来的弊害，在美丽、宜居的国土上安心富足地居住。为此，必须改变都市集中的滔滔洪流，将民族的活力和日本经济的强大后劲力渗透到日本列岛各个角落。通过全国性的重新布局工业、集中科技力量、建设新干线和高速公路、形成信息传播网络系统等，一定能消除城乡差距、消除表日本和里日本的差距"❶。《日本列岛改造论》发行第二个月，田中角荣便当选日本首相，其施政理念也得到推行。三是日本地价上涨，影响了住房目标的实施。根据日本建设省 1973 年公布的数据，1973 年初全国平均地价同比上一年高出了 30.9%，地价上涨导致住房建设成本增加，也影响了政府规划目标的实现。

（3）第三期五年规划（1976～1980 年）：最低居住水准以下住房减半

1976 年，日本政府制定了第三期住宅建设五年规划，其发展目标是：力争到 1985 年，确保所有国民能根据家庭成员构成、居住地区特色等拥有水准合适的住宅。提高住宅质量是本期规划的重点，具体包括：①在 1985 年前确保所有国民达到最低居住水准❷，在 1980 年前消除一半最低居住水准以下的住房。②确保到 1985 年，普通家庭

---

❶ 资料来源：五十岚敬喜，小川明雄.都市計画—利権の構図を超えて [M]. 东京：岩波书店，1993：76.

❷ 包括居住房间数、设备、居住环境、住宅规模四方面，如规模方面四人家庭的最低水准为 50 平方米，平均居住水准为 86 平方米。

拥有普通水准的住宅。③建设 860 万户规模适当、结构合理、设备完善的住宅，其中计划政府资金建造住房 350 万户。

具体实施措施包括：①改善政府资金所建住宅的入住管理制度和租赁制度，适当进行区分管理；②指导解决民间住宅融资问题，稳步扩大住房资金；③有效利用既有住宅，在促进其维护改良、增建改建的同时，推进住宅转变以使其符合家庭成员构成、生活方式等。④推进市街地再开发事业、住宅地区改良事业等。

到 1980 年，日本全国人口总数为 11708 万人，家庭平均人口减少至 3.22 人 / 户。1976 ~ 1980 年，日本实际建造住房 770 万套，实现率为 89.5%；其中，政府资金投资和支持建设住房 364.9 万套，超过预定目标，完成率达 104.2%。

（4）第四期五年规划（1981 ~ 1985 年）：确保半数以上的家庭达到平均居住水平

1979 年，第二次石油危机爆发，日本经济增长速度放缓。1981 年，日本政府公布第四期住宅建设五年规划，其总目标是：使所有国民能跟上国家经济发展的步伐，根据家庭成员构成、具体情况、所在居住地的特性等，拥有环境良好、能够安定生活的住房。其设定的具体目标和措施包括：①在 1985 年前，确保所有家庭的居住条件达到最低水准，半数家庭达到平均居住水准。②依据居住环境水准❶，消除低水准居住环境，确保良好的居住环境。③计划建设规模、结构、设备适当的住宅 770 万户；其中，政府资金建造或支持建造住宅 350 万户。④政府资金建造或支持建造的住宅，优先照顾有老人、儿童、残疾人等的家庭。⑤抑制建设低水准居住环境的住宅；⑥提供有关住宅的准确信息、健全租赁关系；⑦在大城市现有市街地中，在适当提高土地利用率的同时，促进优质市街地住宅的供给。

截至 1983 年，日本住宅总数达到 3860.7 万套，家庭总数为 3519.7 万户，平均每户家庭拥有住宅数为 1.1 套。1985 年，人口突破 1.2 亿，家庭平均人口继续减少为 3.14 人 / 户。利用政府资金实际建造住房 323.1 万套，完成率为 92.3%。

（5）第五期五年规划（1986 ~ 1990 年）：低于最低居住水准的家庭全国减少 10%

20 世纪 80 年代初期，美国财政赤字剧增，对外贸易逆差大幅增长，美元不稳定。美日英德法等国达成"广场协议"，日元兑美元迅速升值，加之地价升高，拥有一套住房对日本人来说变得越来越困难。在此背景下，日本提出第五期住宅建设五年规划，其总目标是：根据经济及社会发展变化、国民各家庭的生活方式、居住地区的特性等，努力形成优质的住房以及良好的居住环境，使国民能过上安定、富裕的生活。

具体目标是：①规划期间，尽早实现所有家庭都能达到最低居住水准；②以 2000

---

❶ 居住环境水准的基础水准包括对抗灾害的安全性、日照、通风、采光、噪声振动、大气污染、恶臭等，以及住宅密度。目标水准是在上述条件基础上，增加与周边地区的和谐性、与生活相关设施的距离以及确保有社区设施等。

年为目标,确保半数家庭能达到诱导居住水准❶。具体措施包括:①提供面向 4 ~ 5 人家庭的租赁房;②重建、增改建老朽化、狭小的公共租赁住宅,使房源优质化;③引导地区居民等自发努力,促进居住环境的改善;④开发、普及在设计、设备等方面照顾高龄者、残疾人的与医疗、社保协作的住宅;⑤提供更多作为都市型住宅的共同住宅,完善实施共同住宅大规模修补的相关体制;⑥促进市町村住宅规划的制定,提供基于地域特性的、魅力十足的住宅;⑦制定中长期的住宅相关技术开发指引,形成适应信息化发展的技术开发、新技术普及体制;⑧为了推动优质木造住宅的普及,引导木工建造店等相关产业的经营现代化等。

诱导居住水准统计表 表 3-1

居住水准	最低居住面积水准(平方米)	诱导居住面积水准(平方米)	
		都市居住型	一般型
计算公式	单身者:25平方米;2人以上家庭:10平方米×家庭人数+10平方米	单身者:40平方米;2人以上家庭:20平方米×家庭人数+15平方米	单身者:55平方米;2人以上家庭:25平方米×家庭人数+25平方米
家庭人数换算标准	3岁以下:0.25人;3 ~ 6岁:0.5人;6 ~ 10岁:0.75人		
其中:单身	25	40	55
2人	30	55	75
3人	40	75	100
4人	50	95	125

资料来源:厚生劳动省.住生活基本計画における居住面積水準.http://www.mhlw.go.jp.

第五期五年规划计划建设住宅 670 万套,实际建造 835.6 万套,完成率为 124.7%,其中计划利用政府资金建设住宅 330 万套,实际建成 313.8 万套,完成率为 95.1%。

截至 1988 年,日本住宅总数达到 4200 万套,总家庭数为 3781 万户,户均拥有住宅数为 1.11 套。截至 1990 年,全国总人口达 12361 万人,平均家庭人口数则减少至 2.99 人。

(6)第六期五年规划(1991 ~ 1995 年):约半数的家庭达到诱导居住水平

20 世纪 90 年代,日本已成为全球第二大经济体,但居住水平仍然远不及美英德法等国。美国、英国、德国、法国、意大利、瑞典等国每千人平均住房套数为 432 套,比日本高出了 17%。日本平均每人的室内面积为 31 平方米,仅是美国的一半,在七国中处于末位。因此有学者认为,在第六个五年规划实施期间,日本还属于"住宅后进国"❷,而住宅不断改善又被认为是真正进入先进国家之列的重要条件之一❸。

---

❶ 诱导居住水准,分为针对都市中心及周边地区的公寓型的"都市居住型诱导居住水准"和针对郊外及其他地区的独栋型的"一般型诱导居住水准"。主要包括居室、性能设备、住户规模等方面的要求。
❷ 资料来源:池上博史.よくわかる住宅産業 [M].东京:日本实业出版社,1995:35.
❸ 资料来源:池上博史.よくわかる住宅産業 [M].东京:日本实业出版社,1995:21.

住宅水准的国际比较统计表　　　　　　　　　　　　　　　　表 3-2

	每千人的住宅户数（户）	平均每户房间数（室）	平均每间房人数（人）	平均每户室内面积（平方米）			平均每人的室内面积（平方米）
				合计	有房	租房	
美国	429 （1991年）	5.4 （1991年）	0.4 （1991年）	157.7 （1991年）	164.9 （1991年）	116.6 （1991年）	61.3 （1991年）
英国	417 （1991年）	4.9 （1991年）	0.5 （1991年）	97.9 （1991年）	109 （1991年）	94 （1991年）	36.6 （1991年）
德国	426 （1991年）	4.45 （1987年）	0.55 （1987年）	86.3 （1987年）	112.7 （1987年）	69.2 （1987年）	35.5 （1987年）
法国	464 （1990年）	3.9 （1990年）	0.7 （1984年）	85.4 （1990年）	96.1 （1984年）	67.9 （1984年）	39.6 （1990年）
意大利	386 （1981年）	—	0.9 （1975年）	—	—	—	—
瑞典	471 （1992年）	4.3 （1991年）	0.5 （1985年）	—	—	—	—
日本	368 （1993年）	4.9 （1993年）	0.62 （1993年）	92.6 （1993年）	122.8 （1993年）	45.7 （1993年）	31.0 （1993年）

资料来源：国土交通省住宅局住宅政策課 . 住宅経済データ集 [M]. 东京：住宅产业新闻社，2015.

结合日本当时的住房发展环境，以及日本 1989 年制定的《土地基本法》和 1990 年依据《大都市法》修订版制定的《有关大都市区域促进住宅以及住宅用地供给的特别措施法》，日本提出第六期住宅建设五年规划的总目标是：形成优质的住宅和良好的居住环境，解决大都市的住宅问题，建设能够应对高龄化社会、符合地域发展的良好的居住环境。在 2000 年之前，让全国一半的家庭、所有都市圈里一半的家庭尽早达到诱导居住水准；到 1995 年，每一户家庭的平均住宅面积达到 95 平方米。

具体措施包括：①灵活利用国有土地等，扩大公共租赁住宅供给数量和规模；②设定合理的房租，定期对现有房租作再评估，扩充公共住宅之间的居住转移措施；③为了提供面向 3 ~ 5 人家庭的标准型民间出租房，鼓励农地所有者建设出租房；④如有必要，推动制定各个地区的居住环境整备的相关方针；⑤大都市各区针对既有市街地中的低层住宅市街地、低利用或未利用地、市街地化区域内的农地等，大力进行土地的有效、高度利用，从而促进优质住宅、宅地的供给；⑥促进密集地区的木造出租房的改建；⑦随着高端产业地的建立、度假村的开发，根据需要提供计划性的住宅供给。

截至 1993 年，住宅总数达 4588 万套，超出家庭总数 11%。截至 1995 年，日本总人口为 12557 万人，平均每个家庭的成员为 2.82 人，小家庭化的趋势明显。第六期住宅建设五年规划实施期间，建造住宅 762 万套，完成率为 104.4%；其中，政府资金建造住宅 401.7 万套，完成率为 108.6%。

（7）第七期五年规划（1996 ～ 2000 年）：持续推进约半数的家庭达到诱导性居住水平

1995 年 1 月 17 日，日本发生了阪神大地震，地震中九成以上的遇难者都是被倒塌房屋压死的，引起日本对住宅质量的深刻反思。与此同时，建设省着手制定优质住宅的认定制度，其主要目的是"满足多样化、高龄化消费者需求，确保高水平的住宅供给，以提高住宅整体水平、形成居住文化"。1995 年 6 月，建设大臣的顾问机关"住宅宅地审议会"提出"面向二十一世纪的住宅宅地政策基本体系"的报告，为 1996 年开始的第七个住宅建设五年规划指引了方向，将"优质住房储备的形成"作为住宅政策基本方向的三支柱之一。所谓"优质住宅"是指坚固耐久、使用寿命长、能够满足高龄化生活形态的可变型住宅，是节能、节材的环境共生型住宅。

为住宅发愁（截至 1988 年）和对住宅不满意（1988 ～ 1993 年）的家庭比例统计表　表 3-3

	1969年（%）	1973年（%）	1978年（%）	1983年（%）	1988年（%）	1993年（%）
全国	37.0	35.1	38.9	46.1	51.5	49.4
有房	28.7	25.9	30.8	39.0	45.0	44.2
租房总计	53.6	52.7	55.3	60.0	64.1	59.1
租政府房	40.9	53.3	56.7	59.9	67.7	60.9
租民营房	58.5	55.4	57.7	61.6	63.5	58.8
公司住房	39.8	39.7	44.0	52.9	60.4	57.3
东京圈	41.5	38.6	42.4	50.1	56.2	52.4
中京圈	——	32.5	38.9	44.6	50.3	49.3
大阪圈	39.9	39.8	43.2	51.0	55.7	52.0

资料来源：池上博史. よくわかる住宅産業 [M]. 东京：日本实业出版社，1995：17.

建设省的"优质住宅"认定制度表　　　　　表 3-4

工业化住宅性能认定事业	对于工业化住宅的安全性、宜居性、耐久性相关的性能，由（财）日本建筑中心认定。
优良住宅部件认定事业	对于优良住宅部件的品质、性能、售后等，由（财）"更好居室"认定。
优良节能建筑技术等认定事业	对于节能性能等的各机能、施工体制等的高端节能技术等，由（财）住宅·建筑节能机构认定。
世纪住宅认定事业	对于拥有为了提高耐用性的生产、供给、维持、管理的综合性系统的住宅，由（财）"更好居室"认定。
木造住宅合理化系统认定事业	对于促进木造住宅等的生产供给合理化的优良构造法、生产系统等，由（财）日本住宅·木材技术中心认定。

续表

R-2000住宅认定事业	对于用甘油高密封、高隔热性能的二乘四节建造住宅，由（财）日本二乘四建筑协会认定。
新时代木造住宅供给系统认定事业	对于梁柱结构木造住宅的销售、设计、材料购置、施工、维持管理等一系列的生产供给系统，由（财）日本住宅·木材技术中心认定。

资料来源：池上博史．よくわかる住宅産業 [M]．东京：日本实业出版社，1995：179.

在此背景下，第七期五年住宅建设规划的基本方向为：整备符合国民需要的优质房源；推进安全舒适的都市居住环境和居住环境改善；改善环境以实现充满生机的长寿社会；整备适合地域发展的居住环境。

具体目标包括：① 2000 年以前，全国一半的家庭以及所有都市圈里的半数家庭能尽早达到诱导居住水准；到 2000 年，每户家庭的平均住房面积达到 100 平方米。②重点关注大都市地区的租房家庭，努力消除未达到水准的家庭。

具体举措包括：①灵活利用定期租地制度等各种各样的住宅供给方法；②在市场未能充分提供住宅服务等的领域，推动以政府为主体的住宅供给；③推动住宅的性能评价以及住宅流通，建立消费者咨询窗口；④强化新建住宅的质量；⑤强力推进在居住环境上急需改善的老旧住宅密集市街地等的改善；⑥为了促进居民的稳定居住和地方的发展，鼓励地方公共团体制定住宅基本计划等。

根据 1998 年"住宅、土地统计调查"，全国住宅总数为 5024.6 万套，家庭总数为 4435.9 万户，平均每户家庭拥有住宅数达 1.13 套。到 2000 年，人口微增达到 12693 万人，家庭平均人口降到 2.67 人。

（8）第八期五年规划（2001 ~ 2005 年）：实现半数以上家庭达到诱导性居住水平

第八期五年住宅建设规划的总目标是：建造能够满足国民多样化需求的优质房源；建设支撑少子高龄化社会的居住环境；建设符合都市居住品质提升和地域发展的居住环境；推进住宅市场的环境建设。具体而言，在居住水准方面，争取在 2015 年之前全国三分之二的家庭、在 2010 年之前全部都市圈的半数家庭达到诱导居住水准。为此，在 2015 年之前室内面积为 100 平方米（共同住宅为 80 平方米）以上的住房量必须占总量的一半，室内面积 50 平方米（共同住宅为 40 平方米）以上的住房量占总量的八成。在住宅性能水准方面，制定耐震性、防火性、耐久性等住宅基本性能标准，创设无障碍化的量化目标。例如，到 2005 年要使有扶手、宽阔走廊的房子占到二成等。居住环境水准方面，根据急需改善的密集住宅市街地标准，努力消除密集住宅市街地。住宅建设户数方面，规划建设 640 万户，新增改建 430 万户。

具体措施包括：①针对销售型高级公寓，创造条件使适当的维护管理、计划性的修补、拆建能顺利进行；②推进能够应对环境制约、信息社会发展等社会经济形势变化的住宅的建造，逐步稳定地普及定期租房权；③充分利用民间活力，培育高龄者能安心居住住宅的市场；④为了建设有利于孩子成长的居住环境，进一步加大力度供给宽敞的出租房；⑤促进优良的田园住宅的建设。⑥制定住房市场建设行动计划等。

根据 2003 年"住宅·土地统计调查"，日本住宅总数达到 5386.6 万套，平均每户家庭可拥有住宅 1.14 套 ❶。但是，第八期住宅建设规划的实施进度和结果并不理想。主要原因是：①关于针对高龄者优良租赁住宅建设方面的制度，面向民间房地产商的宣传做得不到位；②民间房地产商在经济不景气的情况下对开展新项目较为谨慎；③ 2001 年制定《特殊法人等整理合理化规划》后，对公库融资逐步缩小，公库住宅建设进展缓慢。

截至 2004 年 12 月政府资金建设住宅的进展状况统计表　　　　　　表 3-5

	五年规划建设户数（万户）	2001、2002、2003年的实际建设户数（万户）	进展率（%）
公营住宅	26.2	12	45.9
面向高龄者的优良租赁住宅	11	1.5	13.4
特定优良租赁住宅	141	2.1	14.9
公库住宅	218.5	63.8	29.2
公团住宅（机构住宅）	12.5	6.7	53.3
政府补助民间住宅	9	3.2	35.8
其他住宅	21.2	10.3	48.5
总计	312.5	99.6	31.9

（9）小结

日本的《住宅建设规划法》及住宅建设五年规划的实施对改善日本国民的居住环境发挥了巨大的作用。规划期间，政府各类保障住宅（政府资金住宅）的稳定供给有力地提高了国民居住水平。日本通过每五年一次的统计调查，及时地把握了国民的需求，并有效转化为下一阶段的住宅政策。此外，规划明确了国家、地方公共团体等在住宅建设中的地位、作用和各项工作的优先顺序，使各种具体措施能够综合性地展开。同时，五年规划还发挥了目标导向的作用，通过设定目标，不仅让国家、地方公共团体紧紧围绕目标积极开展活动，也有效地推动了民间力量发挥作用。

❶ 资料来源：总务省统计局.日本の住宅·土地—平成 15 年住宅·土地统计调查の解说—结果の解说.http://www.stat.go.jp.

五年规划与日本经济发展、家庭变化表 表3-6

五年规划	住宅总数（万户）	家庭总数（万户）	每户家庭可拥有住宅数	全国总人口（万人）	GDP（亿日元）	每户家庭平均人数（人）
第1期（1966~1970）	2559.1	2531.9	1.01	10467	733449	3.41
第2期（1971~1975）	3105.8	2965.1	1.05	11194	1483271	3.28
第3期（1976~1980）	3545	3283.4	1.08	11706	2401759	3.22
第4期（1981~1985）	3860.7	3519.7	1.10	12105	3204187	3.14
第5期（1986~1990）	4200.7	3781.2	1.11	12361	4300398	2.99
第6期（1991~1995）	4587.9	4115.9	1.11	12557	4832202	2.82
第7期（1996~2000）	5024.6	4435.9	1.13	12693	4905182	2.67
第8期（2001~2005）	5386.6	4722.2	1.14	12771	5115000	2.56

注：表中住房数据取自于各五年规划的中间一年的统计结果，人口总数和GDP则取自于各五年规划的最后一年的统计结果。

五年规划中的政府各类保障住宅（政府资金住宅）建设状况表 表3-7

五年规划	规划（万户）		实际（万户）		完成率（%）	
	建造总户数	政府资金计划建造总户数	实际建造总户数	政府资金实际建造住房数	总建造	政府资金建造
第1期（1966~1970）	670	270	673.9	256.5	100.5	95.0
第2期（1971~1975）	957.6	383.8	828	310.8	86.5	81.0
第3期（1976~1980）	860	350	769.8	364.9	89.5	104.2
第4期（1981~1985）	770	350	610.4	323.1	79.3	92.3
第5期（1986~1990）	670	330	835.6	313.8	124.7	95.1
第6期（1991~1995）	730	370	762.3	401.7	104.4	108.6
第7期（1996~2000）	730	352.5	681.2	348.7	93.3	98.9
第8期（2001~2005）	640	325	349.3	9.96	54.6（截至2004年12月）	31.0%（截至2004年12月）

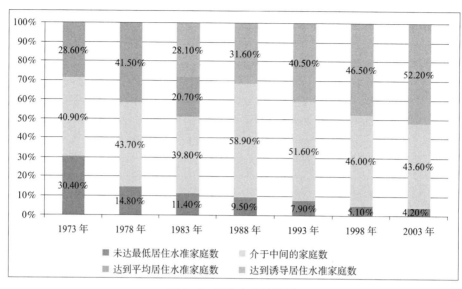

图 3-4　居住水准统计图

资料来源：总务省统计局.平成 25 年住宅·土地统计调查.http://www.stat.go.jp.

3.2005 年以后：住生活基本法和住生活基本规划

2006 年 6 月,《住生活基本法》颁布实施,取代了原有的《住宅建设规划法》。《住生活基本法》第十五条第一项规定为了确保国民居住生活的安定、提高居住水平,必须制定基本规划。根据上述规定,日本政府在住宅建设五年规划结束后,制定了"住生活基本规划",即"全国规划"。规划期限为十年,内容包括规划目标、成果指标和为达成目标的必要举措；根据社会经济形势的变化和实施效果,每五年作评估和修订。2006 年制定的全国规划的基本方针有四项：一是重视存房量；二是重视市场；三是与街道建设、福利、环境、能源、防灾等相关领域的施政相联合；四是因地制宜。在此方针指引下,确立目标为：（1）形成优质的存量房、让未来国民有房可承；（2）形成良好的居住环境；（3）整备住宅市场环境以满足多样化居住需求；（4）确保缺房国民有房可居。❶

2011 年日本重新制定了全国规划,规划期限为 2011 年至 2020 年。规划认为,住房发展主要面临以下问题和挑战：（1）住宅品质尚有待进一步提高,既存住房的管理和再生问题依然存在；（2）国民对居住生活的需求越来越多样化、高端化；（3）整备住宅流通市场的环境是当务之急。同时,由于 2011 年 3 月东日本大地震造成了巨大的经济损失,鉴于严峻的财政情况,日本政府在原有基本方针上增加了一条："有效高效地施行",提出要不依靠政府财政支援、最大限度地利用民间智慧和资金。在目标、成果

❶　资料来源：国土交通省.住生活基本计画（全国计画）（2006 年 9 月 19 日内阁会议决定）.http://www.mlit.go.jp.

指标、基本举措施行方面也作了修改，调整后目标为：（1）构筑支撑安全、安心、多彩的居住生活环境；（2）住宅的合理管理和再生；（3）整备住宅市场环境以满足多样化的居住需求；（4）低收入者、高龄者、障碍者、单亲家庭、低保者、外国人、流浪者等都有房可居。❶在此基础上，提出以下重点实施内容：（1）创造适合年轻夫妇、高龄者居住的环境，首次提出了针对少子高龄化社会的具体目标。如，整备居住环境以推动三世同堂居住或就近居住，力助生儿育女的家庭；灵活利用包括空置房在内的民间租赁住宅，强化住房安全网机能；制定面向高龄者的住宅指引等。（2）促进既存住房的流通和空置房的灵活利用，加速向存量房市场的转换。具体而言，如提高既存住房质量的同时，提升住房的魅力以唤起消费者的购买欲望；创造能够将既存住房作为资产传给下一代的流通市场；推动老旧房、空置房的改建和改修，实现约2万户的修复改建；将不断增多的空置房控制在100万户左右，通过推动既存住房的流通以减少空置房的增多。（3）振兴居住生活产业。

2016年，日本又制定了新的全国规划❷，规划期限为2016年至2025年。该规划从"居住者"、"既存住房"、"产业、地域"等三个方面提出了八大基本方针：（1）实现希望结婚生子的年轻夫妇家庭能够安心居住的居住生活。（2）实现高龄者独立生活的居住环境。（3）确保低收入者、高龄者、障碍者、单亲家庭、低保者、外国人、流浪者等都有房可居。（4）构筑住房循环系统，让住房通过恰当的维护管理和装修不贬值，以良好的状态进入市场，传给后代。（5）通过改建和装修等进一步形成安全、高质的存量房。（6）推动激增的空置房的消除或利用。（7）推动住房产业的成长为经济发展作贡献。如，促进木造住房的供给，整备生产体制，确保工匠的培养和技术开发；激活住房交易，打造一个20兆日元的既存住房流通、装修市场；创造新的住房市场，如运用物联网的智能型住房。（8）维持、提升住宅地的魅力。如打造地区自然、历史、文化特色，加强火灾、地震、洪水、海啸、泥石流等灾害的抵御能力，确保居住者的安全，提升居住品质等。

第三节　地方层面的住房规划及其与相关规划的关系

建设大臣依次制定全国、地方住宅规划后，各都道府县再据此制定各自的住宅建设规划。都道府县在制定住房规划时，不仅要考虑全国住房建设规划的发展要求，同时要对区域层面的发展规划、城市层面的城市规划等进行统筹考虑。在此基础上，市村町层面还要制定其行政范围内的住房规划。

---

❶　资料来源：国土交通省. 住生活基本计画（全国计画）（2011年3月15日内阁会议决定）.http://www.mlit.go.jp.
❷　资料来源：国土交通省. 住生活基本计画（全国计画）（2016年3月18日内阁会议决定）.http://www.mlit.go.jp.

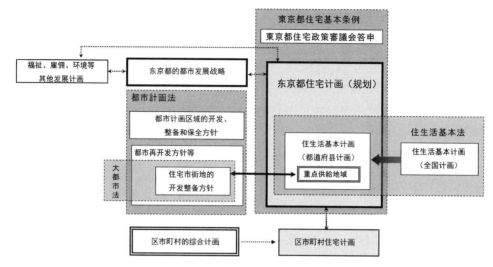

图 3-5 东京都住宅计画（规划）关系图

资料来源：东京都 .2011—2020 東京都住宅マスタープラン [C].2012.

以东京都为例，与东京都圈相关的住房规划体系主要包括四个层面：

一是全国层面的规划。包括国土开发规划❶、住生活基本规划等，确定全国住房发展的战略目标。

二是区域层面的规划。如"首都圈整备规划"将东京中心半径 100km 范围内的城镇纳入规划范围，从都市圈层面统筹安排主要住宅市街地开发，构建以东京都为核心的通勤、通学圈，有序引导东京都心的人口和功能在都市圈层面重新布局。在日本经济高速发展的 20 世纪 60 ~ 70 年代，第二版、第三版"首都圈整备规划"均把都市圈范围内新的住宅市街地的开发作为规划的核心内容进行整备。实践证明，在 1965 ~ 2005 年的 40 年间，首都圈的人口增加了 1542 万，既成市街地、近郊整备地带和都市开发区域分别承载了 12%、75% 和 13% 的城市新增人口，距离中心城区约 20 ~ 60km 半径范围的近郊整备地带，成为首都圈人口增长的主要承载空间。

首都圈各地区人口规模统计表（万人）   表 3-8

地区	1965年	1975年	1985年	1995年	2005年
首都圈	2696	3362	3762	4040	4238
既成市街地	1206	1284	1292	1297	1391
近郊整备地带	760	1285	1602	1821	1921
都市开发区域	373	446	505	543	582

资料来源：国土交通省 .大都市圈政策の評価 . http：//www.mlit.go.jp.

---

❶ 资料来源：国土交通省 .国土形成計画（全国計画）. http://www.mlit.go.jp.

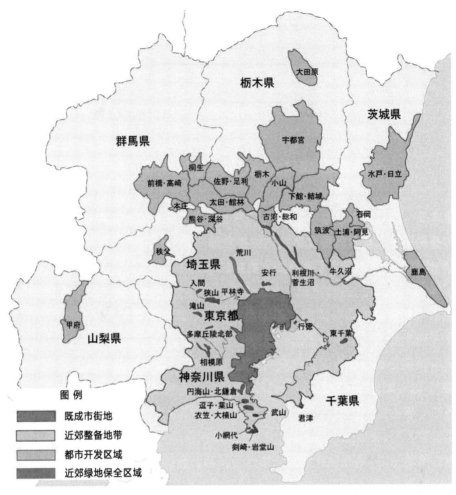

图 3-6　第五版"首都圈整备规划"图（1999 年）

资料来源：国土交通省 . 第 5 次首都圈基本計画 [C].2006.

　　三是都道府县层面的规划。如东京都开展的"东京都整备规划"和"东京都住宅规划"。《东京都整备规划》侧重于从城市整体布局层面明确市区住宅用地的总体控制目标，如提出"环状 7 号线以外的区域主要以低层和中低层住宅为主，以内的区域原则上引导发展中高层住宅"❶ 等。《东京都住房发展规划（2011 ~ 2020 年）》❷ 是指导东京都住房发展的核心规划，其详细阐明了未来 10 年东京都住房发展的基本目标和主要措施，通过绘制"重点供给地域位置图"、"重点供给区域和特定促进区域一览表"，明确了市域范围内未来 10 年各区市町村主要住宅用地的供应数量、面积、区位和规划依据。

---

❶　资料来源：东京都 . 東京都市計画都市計画区域の整備、開発及び保全の方針 [C].2004.

❷　资料来源：东京都 .2011—2020 東京都住宅マスタープラン [C].2012.

重点供给区域和特定促进区域一览表 表3-9				
重点供给地域的名称		面积（hm²）	主要计划·整备手段	
区部		55457	住宅市街地综合整备事业 市街地再开发事业等	
所在区市町村	特定促进地区的名称		主要计划.整备手法	图纸编号
千代田区	淡路町二丁目西部地区	2	地区计划（决策完） 市街地再开发事业（进行中） 都市再生特别地区（决策完）	千.1
	饭田桥站西口地区	2	再开发等促进区地区规划（决策完） 第一种市街地再开发事业（事业中）	千.2
八王子市	石川町地区	7	公营住宅建设事业（完成） 地区计划（决策完）	八.1
	长房团地地区	41	公营住宅建替事业（进行中） 地区计划（决策完）	八.2
	中野山王地区	18	公营住宅建替事业（进行中）	八.3
…	…	…	…	…

资料来源：东京都.2011—2020 東京都住宅マスタープラン[C].2012.

图 3-7　重点供给地域位置图

资料来源：东京都.2011—2020 東京都住宅マスタープラン[C].2012.

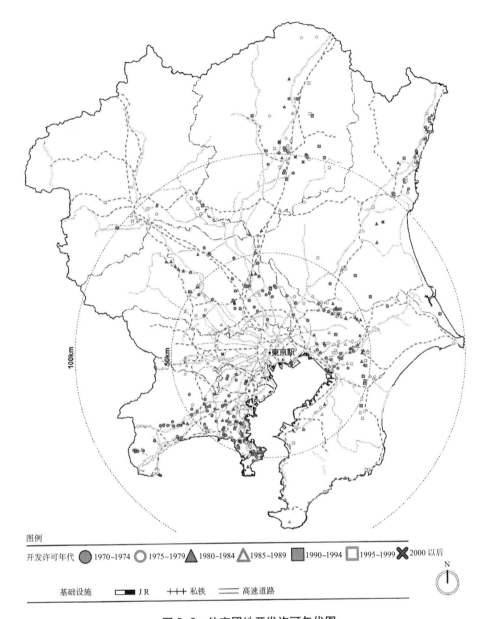

图 3-8　住宅团地开发许可年代图

资料来源：大月敏雄 . 首都圏における民間大規模戸建て住宅団地の開発実態分析と今後の土地再利用方策の検討 . http：//www.lij.jp.

　　四是区市町村层面的规划。通过区市町村的城市规划和住宅规划，进一步落实和完善上层次规划的安排。例如，八王子市在"八王子市城市规划"❶中，明确了各类市街地，包括住宅市街地的整备方针，并在此基础上提出各分区不同类型用地（包括住

---

❶　资料来源：八王子市 . 八王子の都市計画 [C].2003.

宅用地）的发展方针。而"八王子市住宅规划"❶ 则在东京都住宅规划的基础上，将新增住宅用地、公营住宅项目落实到具体的位置，明确项目规模和发展措施等。

从技术层面看，日本的住房规划体系具有以下特点：（1）高度重视住宅用地的空间安排。无论是都市圈规划、东京都规划或区市村町规划，都对住宅用地空间布局有明确要求，并划定具体区域。（2）住房规划相对独立，内容详实。从内容上看，城市规划虽然对住房发展的内容有所涉及，但主要以用地类型和强度的分区为主；而住宅规划的内容则较为具体和丰富，除一般的发展目标和发展策略外，还对新增、改良等各类住宅用地的规模、面积、规划依据和整备手段都提出明确的要求。（3）强调都道府层面的整体统筹，如以东京都住宅规划为核心，统筹东京都各区市町村的住宅用地安排。（4）高度重视对都市圈和通勤、通学人口的研究。日本定期编制《国势统计》《首都圈整备报告》等普查报告和研究报告，从都市圈层面对住房发展和人口变化状况进行评估，采用各地区昼夜人口比例、通勤人口比例和大规模住宅团地变化等方法，对区域内通勤、通学人口的情况进行系统分析。

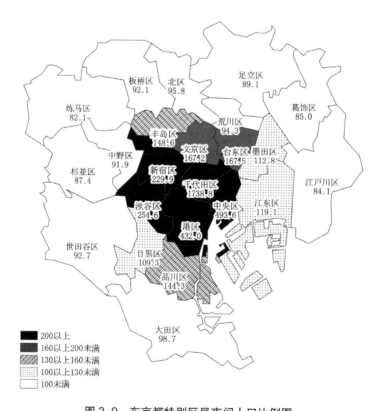

图 3-9 东京都特别区昼夜间人口比例图

资料来源：总务省统计局. 平成 22 年国势调查. http://www.stat.go.jp.

---

❶ 资料来源：八王子市. 八王子市住宅マスタープラン——平成 23 年至 32 年 [C].2003.

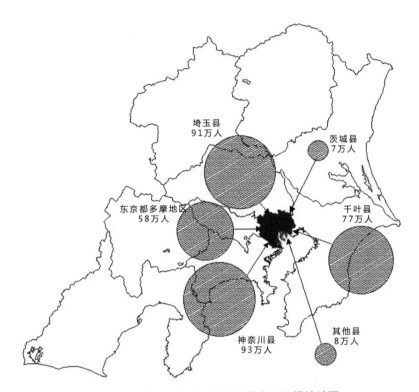

图 3-10 东京都特别区周边通勤人口规模统计图

资料来源：总务省统计局．平成 17 年国势调查．http://www.stat.go.jp.

第四章　日本的住房税收制度

日本的不动产相关税收主要包括取得、保有和出售三大环节，主要包括所得税（国税）、住民税（都道府县税、市区町村税）、登录免许税（国税）、不动产取得税（都道府县税）赠与税（国税）、继承税（国税）、印花税（国税）、固定资产税和都市计划税（市区町村税）、消费税（国税）等税种。

取得、保有和出售三大不同环节不动产相关税种统计表　　　表 4-1

税金种类	取得			保有	出售
	购入、新建	赠与	继承		
所得税 （国税）	●			● （租赁时）	●
住民税 （都道府县税） （市区町村税）	●			● （租赁时）	●
登录免许税 （国税）	●	●	●		
不动产取得税 （都道府县税）	●	●			
赠与税 （国税）	●	●			
继承税 （国税）			●		
印花税 （国税）	●				●
固定资产税 都市计划税 （市区町村税）	●			●	
消费税 （国税）	●				●

注:"●"表示需要缴纳相关税费。

资料来源：三井不動産リアルティ.https://www.mf-realty.jp.

第一节　卖房环节主要税费：所得税

对于卖房者而言，影响较大的税种主要为所得税，卖房者未获得收益或亏损时无需交税。所得税的计算方法为：

（1）税额＝课税让渡所得 × 税率

（2）课税让渡所得＝让渡所得—特别扣除额。其中，居住用房最高有3000万日元的特别扣除额特例，但有适用条件，如该房子是业主的自住住房等。

让渡所得＝让渡收入金额—（取得费＋让渡费用）。

其中，取得费按实额法或概算法中的较大值计算。实额法按不动产取得费用减去折旧费用计算，概算法按让渡收入金额的5%计算。让渡费用为直接的卖房成本。

（3）税率。

根据房屋的使用情况、让渡时持有时间长短的不同，税率会有所差异。详见让渡所得税率表。

让渡时所得税和住民税税率表　　　　　　　表4-2

长短期区分	持有时间		
	短期	长期	
期间	5年以下	5年以上	10年以上减轻税率特例
居住用	39.63%（所得税30.63%，住民税9%）	20.315%（所得税15.315%，住民税5%）	1. 课税让渡所得6000万以下的部分14.21%（所得税10.21%，住民税4%）。 2. 课税让渡所得超过6000万元的部分为20.315%（所得税15.315%，住民税5%）
非居住用	39.63%（所得税30.63%，住民税9%）	20.315%（所得税15.315%，住民税5%）	

资料来源：三井不动产リアルティ. https://www.mf-realty.jp.

（4）课税特例。

在特定情况下，卖房者可享受减免税收的优惠政策，具体详见不动产让渡课税特列表。

不动产让渡课税特例表 表 4-3

长短期区分	持有时间		
	短期	长期	
期间	5年以下	5年以上	10年以上减税特例
居住用	3000万特别扣除额	3000万特别扣除额 居住用财产换房时的转让损失损益总计及结转扣除 特定居住用财产的转让损失损益总计及结转扣除	
			10年以上减税特例 特定居住用财产交易特例
非居住用	短期让渡所得	长期让渡所得	
	空置住房3000万特别扣除		

资料来源：三井不动产リアルティ. https: //www.mf-realty.jp.

第二节　买房环节主要税费：消费税

消费税是购房时的一个较为主要的税种。消费税自1989年4月1日开始征收，税率经过多次调整。1989年4月1日至1997年3月31日，消费税税率为3%；1997年4月1日至2014年3月31日，消费税税率为5%；2014年4月1日至今消费税税率为8%。在房地产交易中，不同类型的消费课税情况有所差异。在日本，购买土地的消费费用和购买建筑的消费费用是分离的，购买土地的消费费用免交消费税，购买建筑的费用需要缴交消费税。此外，中介佣金、抵押佣金以及办公室、商铺租金等消费支出需要缴交消费税，而抵押还款利息、担保费、保险费、住宅租金等类型消费则不需要缴交消费税。

消费税课税案例表 表 4-4

应税交易案例	非应税交易案例
建筑物购买、建筑建设 中介佣金（买卖、租用租出） 住宅抵押佣金 办公室、商铺租金	土地购买 抵押贷款的还款利息、担保费 火灾保险费、生命保险费 住宅租金 押金、保证金

第三节　持有环节主要税费：固定资产税和都市计划税

在房屋持有环节，主要的税费为固定资产税和都市计划税，这两项税收也常被合计称为日本的房产税。

固定资产税的计算：税额＝课税标准×1.4%（标准税率）

都市计划税的计算：税额＝课税标准 ×0.3%（限制税率）

固定资产税的"课税标准"为"固定资产税征税台账上登记的固定资产税评价额"。

其中，小规模住宅用地（200 平方米以下的部分），按课税标准的 1/6 征收，一般住宅用地（超出 200 平方米部分），按课税标准的 1/3 征收（建筑面积不超过土地面积 10 倍的情况下）。

新建的住宅建筑 120 平方米以内的部分在 3 ~ 5 年（3 层以上的耐火构造、准耐火构造住宅新建 5 年内，一般住宅新建 3 年内，自有住宅每户 50 平方米以上 280 平方米以下；租赁住宅每户 40 平方米以上 280 平方米以下）按固定资产税的 1/2 征收。

都市计划税：小规模住宅用地（200 平方米以下的部分），按课税标准的 1/3 征收，一般住宅用地（超过 200 平方米的部分），按课税标准的 2/3 征收。集合住宅按居住面积除以全体住户总面积计算。

在空地上建住宅时的固定资产税

	2015 年	2016 年	2017 年	2018 年	2019 年	2020 年
		2016 年 12 月	2017 年 1 月 1 日			
土地固定资产税	56 万日元※1	56 日元	9.3 万日元※2	9.3 万日元	9.3 万日元	9.3 万日元
建筑固定资产税			7 万日元※3	7 万日元	7 万日元	14 万日元※4

土地固定资产税课税标准额·············4000 万日元
建筑固定资产税课税标准额·············1000 万日元
建筑的新建年月·····················2016 年 2 月
建筑（一般住宅）的居住面积（全部是居住用）····120m²
土地面积·····························150m²
（注）假定固定资产税评价额无变动情况下的计算。

※1：4000 万日元 ×1.4% =56 万日元
新地的情况，没有减少
※2：4000 万日元 ×1/6×1.4% =9.3 万日元
2017 年 1 月 1 日旧属于住宅用地，
可以作为新建住宅享受减税
※3：1000 万日元 ×1.4% ×1/2 =7 万日元
※4：1000 万日元 ×1.4% =14 万日元
一般住宅的减税期间是 3 年，所以从该年开始可以享受减税

图 4-1　固定资产税征收案例图

案例的假设条件为：（1）土地的固定资产税课税标准额为 4000 万日元。（2）建筑物的固定资产税课税标准额为 1000 万日元。（3）建筑物的建筑时间为 2016 年 2 月。（4）建筑为一般住宅，居住面积为 120 平方米。土地面积为 150 平方米。则其缴纳的固定资产税为：

固定资产税征收案例表　　　　　　　　　　　　　　表 4-5

	2015年	2016年	2017年	2018年	2019年	2020年
土地使用状况	空地	2016年2月新建住宅				
土地的固定资产税	56万日元[1]	56万日元	9.3万日元[2]	9.3万日元	9.3万日元	9.3万日元
建筑物的固定资产税			7万日元[3]	7万日元	7万日元	14万日元[4]

计算方法：[1] 住宅建成以前，土地的固定资产税为：4000 万日元 ×1.4% =56 万日元。[2] 住宅建成后，按住宅用地特例征收土地的固定资产税：4000 万日元 ×1.4% ×1/6=9.3 万日元。[3] 新建住宅建筑物的固定资产税，一般住宅头三年按 1/2 的税率征收，则为：1000 万日元 ×1.4% ×1/2=7 万日元。[4] 新建住宅建筑物的固定资产税，一般住宅 3 年以后按足额征收，则为：1000 万日元 ×1.4% =14 万日元。

第四节　继承环节主要税费：遗产税

遗产税的征收流程为：（1）确定继承人；（2）继承财产评估；（3）遗产税计算；（4）遗产税申告，纳税；（5）继承财产名义变更。

遗产税的计算流程为：

（1）各继承人的"课税价格合计额（A）"的计算。

课税价格合计额 = 本来的财产 + 因死亡获得的财产（如死亡后的保险金等）—债务和葬礼费用 +3 年以内的赠与财产 + 继承时精算课税制度选择的赠与财产

（2）课税遗产额（B）=（A）—遗产基础扣除数

遗产基础扣除数 = 3000 万日元 + 600 万日元 × 法定继承人数

（3）遗产税总额的计算

各继承人的遗产税 =（B）× 法定继承份额 × 税率—扣除额

各继承人的遗产税合计则为遗产税总额。遗产税税率详见下表：

遗产税税率　　　　　　　　　　　　　　　　　　表 4-6

法定继承获得金额	税率	扣除率
1000万日元以下	10%	—
3000万日元以下	15%	50万日元
5000万日元以下	20%	200万日元
1亿日元以下	30%	700万日元
2亿日元以下	40%	1700万日元
3亿日元以下	45%	2700万日元
6亿日元以下	50%	4200万日元
6亿日元以上	55%	7200万日元

资料来源：国税厅 .https://www.nta.go.jp

（4）各人纳税额扣除和最终遗产税计算

根据继承的不同，遗产税有多种扣除特例，包括未成年人口扣除、配偶者扣除、残疾人扣除等。这些扣除将根据不同继承者的身份扣减。

第五节　其他税费

1. 登录免许税

土地及建筑物购入、所有权保存登记或转移登记所需要缴纳的税收。税额 = 课税标准 × 税率。

登录免许税的减免情况表　　　　　　　　　　表 4-7

			土地.建物		住宅用建筑的减轻			认定长期优良住宅	认定低碳住宅
			课税标准	税率	减轻税率		适用条件	减轻税率	减轻税率
					新建建筑	二手建筑			
建筑物的登记			—	—	—	—	—	—	—
所有权保存登记			法务局的认定价格	4/1000	1.5/10000	—	新建住宅的保存登记特例:(1)自己居住用地住宅;(2)取得新建筑1年之内登记;(3)床面积50平方米以上	1/1000	1/1000
所有权转移登记	买卖	土地	固定资产税评价额	15/1000;2017年4月1日以后为20/1000	—	—	二手住宅的转移登记特例:(1)自己居住的住宅;(2)取得1年内登记;(3)满足耐火建筑相关要求;(4)床面积50平方米以上	—	—
		建物		20/1000	3/1000	3/1000		共同住宅:1/1000;户建住宅:2/1000	1/1000
	继承			4/1000	—	—			
	赠与			20/1000	—	—			
抵押权的设定登记			债权金额	4/1000	1/1000	1/1000	抵押权设定登记特例:满足上述条件住宅的抵押权设定		

注:(1)认定长期优良住宅、认定低碳住宅的减税政策有限期为2018年3月31日以前。(2)床面积相当于国内的使用面积,即不包括墙体在内的实际可用空间面积。后同。

资料来源:三井不動産リアルティ. https://www.mf-realty.jp.

2. 不动产取得税

通过买卖、赠与等方式取得不动产时所缴纳的都道府县税,通过继承方式取得不动产的不需要缴纳该税种。

不动产取得税的计算方法：土地、建物的税额＝固定资产税评估额×标准税率。在 2018 年 3 月 31 日以前，土地及住宅的税率为 3%，非住宅的税率为 4%。

宅地的课税标准特例为：宅地的标准额＝固定资产税评估额×1/2（该特例在 2018 年 3 月 31 日前适用）

新建住宅及土地税额减轻特例表 表 4-8

建物	特例的税额	不动产取得税=（固定资产税评估额－1200万元）×3%
	减轻的条件	• 适用于自住房和其他类型住宅 （自住住房、第二套住房、租赁用公寓等） • 课税床面积50平方米以上，240平方米以
土地	特例的税额	不动产取得税=（固定资产税评估额×1／2×3%）－扣除额 （扣除额取A或B中的较大值，其中A=45000日元；B=（1平方米土地的固定资产税评估额×1／2）×（课税床面积×2×3%） （上限为200平方米）
	减轻的条件	上盖建筑符合建筑减轻要求。 土地取得3年内新建建筑（土地先行取得情况下）。 上盖建筑物建成后1年之内取得土地（建筑物先建情况下）

资料来源：三井不动产リアルティ. https://www.mf-realty.jp.

二手住宅及土地税额减轻特例表 表 4-9

建物	特例的税额	不动产取得税=（固定资产税评估额－扣除额）×3% 1997年4月1日以后建设建筑扣除额为1200万日元；1997年3月31日以前至1954年7月1日的建设的建筑扣除额为1000万至100万日元不等
	减轻的条件	用作居住用；课税床面积50平方米以上，240平方米以下。 1982年以前已建成的建筑，符合抗震等相关条件
土地	特例的税额	不动产取得税=（固定资产税评估额×1／2×3%）－扣除额 （扣除额取A或B中的较大值，其中A=45000日元；B=（1平方米土地的固定资产税评估额×1／2）×（课税床面积×2×3%） （上限为200平方米）
	减轻的条件	上盖建筑符合建筑减轻要求。 土地取得1年内取得建筑（土地先行取得情况下）。 取得建筑物后1年之内取得土地（建筑物先取得情况下）

资料来源：三井不动产リアルティ. https://www.mf-realty.jp.

3. 印花税

印花税是对制定法定文书征收的一种税。印花税相对于其他税种而言金额较小，一般在记载金额的 0.01% ~ 0.2% 之间，具体如下。

合同印花税额一览表 表 4-10

记载金额	不动产买卖合同	施工合同	贷款合同
1万日元以下	非课税	非课税	非课税
10万日元以下	200日元	200日元	200日元
50万日元以下	200日元	200日元	200日元
100万日元以下	200日元	200日元	200日元
500万日元以下	1000日元	200~1000日元	2000日元
1000万日元以下	5000日元	5000日元	10000日元
5000万日元以下	10000日元	10000日元	20000日元
1亿日元以下	30000日元	30000日元	60000日元
5亿日元以下	60000日元	60000日元	100000日元
10亿日元以下	160000日元	160000日元	200000日元
50亿日元以下	320000日元	320000日元	400000日元
50亿日元以上	480000日元	480000日元	600000日元

资料来源：三井不动产リアルティ.https://www.mf-realty.jp.

4. 赠与税

赠与税的算法为：

课税价格＝赠与财产价额－110万元（基础扣除额）

税额＝课税价格 × 税率－扣除额

（1）20岁以上的人接受直系长辈亲属的赠与时

赠与税速算表 表 4-11

课税价格	税率	扣除额
200万日元以下	10%	—
400万日元以下	15%	10万日元
600万日元以下	20%	30万日元
1000万日元以下	30%	90万日元
1500万日元以下	40%	190万日元
3000万日元以下	45%	265万日元
4500万日元以下	50%	415万日元
4500万日元以上	55%	640万日元

（2）上述情况以外

赠与税速算表　　　　　　　　表 4-12

课税价格	税率	扣除额
200万日元以下	10%	—
300万日元以下	15%	10万日元
400万日元以下	20%	25万日元
600万日元以下	30%	65万日元
1000万日元以下	40%	125万日元
1500万日元以下	45%	175万日元
3000万日元以下	50%	250万日元
3000万日元以上	55%	400万日元

此外，夫妻之间赠与等特殊情况，还享有其他扣除特例。

第五章　日本的住房相关法律

第一节　住宅建设规划法 ❶

（目的）

第一条 ❷　该法律针对住宅建设，通过制定综合性规划，谋求其妥善实施，以推动国民生活的安定和社会福利的增进。

（国家及地方公共团体的责任与义务）

第二条　国家及地方公共团体，须依据住宅需求及供给的长期性前景预测，并按照实际住宅情况，实施相关住宅措施。

（定义）

第三条　该法律中的"公共资金住宅"指以下住宅。

一、基于公营住宅法（一九五一年法律第一百九十三号）的公营住宅（以下称"公营住宅"）。

二、基于住宅地区改良法（一九六〇年法律第八十四号）的改良住宅。

三、使用住宅金融合作社的融通资金所建或购入或改良的住宅。

四、日本住宅公团作为其业务出租或转让的住宅。

五、除前面各项规定的住宅外，国家、相关政府机关或地方公共团体建设的住宅，以及涉及国家或地方公共团体的补助金、贷款等财政援助的住宅。

（住宅建设五年规划）

第四条　建设大臣须听取住宅对策审议会的意见，在国民住生活达到合理水平前，自一九六六年起，每五年为一期，在此期间制作住宅建设相关规划（以下称"住宅建设五年规划"）方案，并征得内阁会议的决定。

2. 住宅建设五年规划须决定五年间住宅建设的目标。在此情况下，须明确公共资金住宅的建设事业量。

---

❶　立法文号为一九六六年六月三十日法律第一百号，该法已于二〇〇六年废止。

❷　注：日本法律条文的层级结构，前三个层级由高至低依次为"条"、"项"、"号"。其中，"条"的表示方式为"第×条"；"项"的表示方式为阿拉伯数字，如"2"、"3""4"等，且第一项的序号通常省略；"号"的表示方式为中文数字，如"一"、"二"、"三"等。第四层级用日文的"イ"、"ロ"、"ハ"等特殊符号表示，为方便阅读，译文中将第四层级的"イ"、"ロ"、"ハ"等特殊符号改为用"①"、"②"、"③"等符号表示。第五层级用"（1）"、"（2）"、"（3）"等符号表示。

3. 在制定前项目标时，须考虑住宅需求及入住者的负担能力，并致力于建设具备适当规模、结构及设备的居住环境良好的住宅。

4. 建设大臣在制作住宅建设五年规划时，需参照都道府县知事依据建设省令的规定，听取市町村长的意见后制作并向建设大臣提交的资料。

5. 建设大臣在制作住宅建设五年规划时，须预先与相关行政机关长进行协议。

6. 在产生基于第一项规定的内阁会议决定后，建设大臣须迅速向都道府县通知住宅建设五年规划。

7. 前面各项规定适用于住宅建设五年规划的变更情况。

（地方住宅建设五年规划等）

第五条 基于前条第一项规定的内阁会议决定产生后，建设大臣须依据住宅建设五年规划，听取住宅对策审议会的意见，制作依据政令规定的各地方住宅建设五年规划（以下称"地方住宅建设五年规划"）。

2. 前条第二项及第三项规定适用于地方住宅建设五年规划。

3. 建设大臣在制作地方住宅建设五年规划时，须预先与相关行政机关长进行协议，并听取相关都道府县的意见。

4. 建设大臣在制作了地方住宅建设五年规划后，须迅速通知相关都道府县。

5. 前面各项规定适用于地方住宅建设五年规划的变更情况。

6. 地方住宅建设五年规划制定后，建设大臣须迅速基于地方住宅建设五年规划，听取相关都道府县的意见，决定都道府县各区域五年间公营住宅建设事业量（以下称"都道府县公营住宅建设事业量"），并通知该都道府县。

7. 建设大臣在制定都道府县公营住宅建设事业量时，关于公营住宅法第二条第四号规定的第二种公营住宅（除同法第八条规定内容外）部分，须预先与厚生大臣进行协议。

8. 前两项规定适用于都道府县公营住宅建设事业量的变更情况。

（都道府县住宅建设五年规划）

第六条 都道府县在收到前条第四项及第六项规定的通知时，须迅速与市町村进行协议，并根据地方住宅建设五年规划，制定该都道府县住宅建设五年规划（以下称"都道府县住宅建设五年规划"）。

2. 都道府县住宅建设五年规划须规定五年间的住宅建设目标。在此情况下，须明确公营住宅及其他公共团体建设住宅，以及涉及地方公共团体补助金、贷款等财政援助住宅的建设事业量。

3. 第四条第三项规定适用于都道府县住宅建设五年规划。

4. 在都道府县住宅建设五年规划中，公营住宅相关部分须依据都道府县公营住宅建设事业量。

5. 都道府县住宅建设五年规划，须充分考虑与该都道府县制作的综合开发规划之间的相互调整衔接。

6. 都道府县在制作了都道府县住宅建设五年规划后，须汇报建设大臣。

7. 前面各项规定适用于都道府县住宅建设五年规划的变更情况。

（住宅建设五年规划等的实施）

第七条　国家须采取必要措施以实施住宅建设五年规划中的公共资金住宅建设事业，还须为了实现住宅建设五年规划而采取其他必要措施。

2. 地方公共团体须采取必要措施以实施都道府县住宅建设五年规划中的前条第二项后段的住宅建设事业，还须为了实现住宅建设五年规划而采取其他必要措施。

第八条　与实施住宅建设五年规划相关联的必要公共设施及公益设施的整备，相关行政机关相互之间须进行充分的协作。

（住宅建设标准）

第九条　国家须依据住宅建设五年规划制定的住宅建设目标，制定必要的住宅建设标准，并据此进行住宅建设或住宅建设相关指导。

2. 地方公共团体须依据前项的建设标准，致力于住宅建设或住宅建设的相关指导。

（资料提交等）

第十条　为制作或实施住宅建设五年规划或地方住宅建设五年规划，在有必要的情况下，建设大臣可要求相关行政机关长提交必要材料，或对其所管辖公共资金住宅的建设标准、扶助条件及住宅供给提出相关建议。

附则（略）

第二节　住生活基本法 ❶

第一章　总则

（目的）

第一条　该法律在确保住生活安定及促进其发展的相关措施方面，制定基本理念，并明确国家及地方公共团体、住宅事业者的责任和义务，同时通过制定基本措施、住生活基本规划及其他基本事项以实现基本理念，综合性、规划性地推进确保及增进住生活安定的相关措施，在谋求国民生活的安定改善及社会福利增进的同时，为国民经济的健康发展做贡献。

---

❶　立法文号为平成十八年六月八日法律第六十一号，译文版本为二〇一一年八月三十日法律第一〇五号。

（定义）

第二条 该法律中的"住生活基本规划"指第十五条第一项规定的全国规划及第十七条第一项规定的都道府县规划。

2.该法律中的"公营住宅等"指以下住宅。

一、公营住宅法（一九五一年法律第一百九十三号）第二条第二号规定的公营住宅（以下仅称为"公营住宅"）。

二、住宅地区改良法（一九六〇年法律第八十四号）第二条第六项规定的改良住宅。

三、使用独立行政法人住宅金融支援机构贷款建造、购入或改良的住宅。

四、作为独立行政法人都市再生机构的业务进行租赁或转让的住宅。

五、除以上列举的各项内容外，国家、政府的相关机关或地方公共团体建设的住宅，或由国家或地方共同团体进行补助、贷款及其他扶助而推进建设的住宅。

（现在及未来之国民住生活基础的优质住宅供给等）

第三条 确保住生活安定及改善的相关措施的推进，须在确切应对我国近年急速发展的少子老龄化、生活方式多样化及其他社会经济形势的变化的同时，根据住宅需求及供给的长期预测，并考虑居住者的负担能力，以谋求现在及未来之国民住生活基础的优质住宅供给、建设、改良或管理（以下称"供给等"）为宗旨。

（良好居住环境的形成）

第四条 确保住生活安定及改善的相关措施的推进，须根据地区的自然、历史、文化及其他特性，在考虑与环境保持协调的同时，谋求形成能使住民怀抱骄傲与挚爱的良好居住环境为宗旨。

（保护并增进为居住而购买住宅者等的利益）

第五条 确保住生活安定及改善的相关措施的推进，须在谋求民间事业者的能力发挥及既有住宅的有效利用的同时，保护并增进以居住为目的住宅购买者及住宅供给等相关服务对象的利益为宗旨。

（确保居住的安定）

第六条 确保住生活安定及改善的相关措施的推进，鉴于住宅是国民健康、文化生活的不可或缺的基础，须以确保低收入者、受灾者、老龄者、育儿家庭及其他需要特别关照者的居住安定为宗旨。

（国家及地方共同团体的责任与义务）

第七条 国家及地方公共团体遵循第三条至前条规定的基本理念（以下称"基本理念"），制定确保住生活安定及改善的相关措施，并有责任与义务实施之。

2.国家遵循基本理念，在促进有利于住宅品质或性能之维持与提高的相关技术研究开发的同时，为了继承和提高住宅建筑中使用木材的传统技术，须收集并提供这些技术的相关信息并采取其他必要措施。

3.国家及地方公共团体须通过教育活动、宣传活动及其他活动，努力加深国民对确保住生活安定及改善的理解，并获得国民的协作。

（住宅相关事业者的责任与义务）

第八条　以住宅供给等为业者（以下称"住宅相关事业者"）遵循基本理念，在进行该事业活动时，须自觉负有确保住宅安全性及其他品质或性能的至重责任，在住宅设计、建设、贩卖及管理的各阶段，有责任与义务采取必要措施，以确保住宅的安全性及其他品质或性能。

2.除前项规定的内容外，住宅相关事业者须遵循基本理念，在进行该事业活动时，努力提供和该事业活动相关的正确适当的住宅信息。

（相关方的相互协作及协力）

第九条　国家、地方公共团体、公营住宅等的供给者、住宅相关事业者、居住者、地区保健医疗服务或福利服务的提供者及其他相关者，须遵循基本理念，为确保及改善现在及未来国民住生活的安定，努力谋求相互间的协作与协力。

（法制性措施等）

第十条　政府为实施确保住生活安定及改善的相关政策，须采取必要的法制上、财政上或金融上的措置及其他措施。

第二章　基本措施

（住宅品质或性能的维持及提高及住宅管理的合理化或适当化）

第十一条　国家及地方公共团体为了提供适应国民住生活环境变化的优质住宅，须采取必要措施，促进以提高住宅抗震安全性为目的的改建，促进住宅能源的合理化使用，普及有关住宅管理的知识并提供信息，保持并提高住宅的安全性、耐久性、舒适性、能源有效利用及其他品质或性能的维持与改善及住宅管理的合理化和适当化。

（地区居住环境的维持及提高）

第十二条　国家及地方公共团体为实现良好居住环境的形成，须采取必要措施，完善住民共同福利及便利所需的必要设施，促进住宅市街地良好景观的形成，维持并改善地区的居住环境。

（确保住宅供给等相关合理交易及住宅流通顺畅化的环境整备）

第十三条　国家及地方公共团体，为保护并增进以居住为目的住宅购买者及住宅供给等相关服务对象的利益，须采取必要措施，促使住宅相关事业者提供有关住宅的正确而恰当的信息，普及住宅性能标示制度，确保住宅供给等相关合理交易及住宅流通顺畅化的环境整备。

（促进必要的住宅供给等以确保居住安定）

第十四条　国家及地方公共团体为确保国民居住的安定，须提供公营住宅并为受灾地区的复兴提供必要住宅等，促进面向老龄者租赁住宅和育儿家庭租赁住宅供给，并采取其他必要措施。

第三章　住生活基本规划

（全国规划）

第十五条　政府须依据基本理念，为了实现前章制定的综合性、规划性地推进确保及增进住生活安定的相关措施，制定确保国民住生活安定及促进其提高的相关基本规划（以下称"全国规划"）。

2. 全国规划须决定以下事项。

一、规划期限。

二、关于确保住生活安定及促进其发展的相关措施的基本方针。

三、确保住生活安定及促进其发展的相关目标。

四、为达至前项目标而必需的确保住生活安定及改善的相关措施的基本事项。

五、东京都、大阪府及其他住宅需求明显较大的都道府县政令中规定的都道府县住宅供给等及促进住宅地供给的相关事项。

六、除前面各项所列举内容外，为了综合性、规划性地推进确保住生活安定及促进其发展的相关措施的其他必要事项。

3. 国土交通大臣须制作全国规划方案，并请求内阁会议决定。

4. 国土交通大臣依据前项规定制作全国规划方案时，须预先利用网络及其他国土交通省令规定的方法，采取必要措施以反映国民意见，并与相关行政机关长协议，听取社会资本整备审议会及都道府县的意见。

5. 当产生关于全国规划的第三项内阁会议决定时，国土交通大臣须迅速公布该决定，并通知都道府县。

6. 前三项规定适用于全国规划的变更。

（有关全国规划的政策评价）

第十六条　国土交通大臣在制定关于行政机关执行的政策评价法律（二〇〇一年法律第八十六号）第六条第一项的基本规划时，作为同条第二项第六号的政策，须制定全国规划。

2. 国土交通大臣在基于前条第五项（含适用于同条第六项的情况）规定的公布日开始两年后，在首次制定行政机关执行的政策评价法律第七条第一项的实施规划时，作为同条第二项第一号的政策，须制定全国规划。

（都道府县规划）

第十七条　都道府县须依据全国规划，制定该都道府县区域内的关于促进确保住民住生活安定及改善的基本规划。

2.都道府县规划须决定以下事项：

一、规划期限。

二、确保该都道府县区域内住生活安定及促进其发展的相关措施的基本方针。

三、确保该都道府县区域内住生活安定及促进其发展的相关措施的目标。

四、为达至前项目标而必需的确保该都道府县区域内住生活安定及改善的相关措施的基本事项。

五、规划期内该都道府县区域内的公营住宅供给的目标量。

六、第十五条第二项第五号政令规定的都道府县：规划期内重点推进的住宅供给及住宅地供给地区的相关事项。

七、除前项所示内容外，为了综合性、规划性地推进确保该都道府县区域内住生活安定及促进其发展的相关措施的必要事项。

3.都道府县在制定都道府县规划时，须预先利用网络及其他国土交通省令规定的方法，采取必要措施以反映国民意见，同时与该都道府县区域内的市町村进行协议。在此情况下，基于适应区域多种需要的公共租赁住宅等的配置等特别措施法（二〇〇五年法律第七十九号）第五条第一项的规定组织了地区住宅协议会的都道府县，须听取该地区住宅协议会的意见。

4.都道府县在制定都道府县规划时，须预先与国土交通大臣协议第二项第五号的相关部分，并征得其同意。

5.国土交通大臣欲同意前项内容时，须与厚生劳动大臣进行协议。

6.都道府县规划须与国土形成规划法（一九五〇年法律第二百零五号）第二条第一项规定的国土形成规划及社会资本整备重点规划法（二〇〇三年法律第二十号）第二条第一项规定的社会资本整备重点规划保持协调。

7.都道府县在制定都道府县规划后，须尽可能迅速地公布该规划，并报告国土交通大臣。

8.第三项至前项的规定，适用于都道府县规划的变更。

（住生活基本规划的实施）

第十八条 国家及地方公共团体须按照住生活基本规划，采取必要措施以实施公营住宅等的供给等相关事业的同时，为达成住生活基本规划制定的目标，还须采取其他必要措施。

2.为支援都道府县规划的实施、住宅相关事业者、为开展推进城市建设活动而设立的特定非营利活动促进法（一九九八第七号）第二条第二项规定的特定非营利活动法人、地方自治法（一九四七年法律第六十七号）第二百六十条之二第一项规定的地缘性团体及其他人（以下该项称"住宅相关事业者等"）依据住生活基本规划所开展的促进确保住生活安定及改善的相关活动，国家须提供相关信息、制定指针以指导住宅相关事业者等的住宅供给等措施的妥善有效实施，并采取其他必要措施。

3. 独立行政法人住宅金融支援机构、独立行政法人都市再生机构、地方住宅供给公社及土地开发公社在实施住宅供给等或住宅地供给相关事业时，须为达成住生活基本规划制定的目标而努力。

（相关行政机关的协作）

第十九条 相关行政机关在按照全国规划实施促进确保住生活安定及改善措施时，须在与此相关联的必要公共设施及公益设施整备及其他措置的实施之间进行相互协作。

（资料提交等）

第二十条 国土交通大臣为了制定或实施全国规划，在有必要的情况下，可要求相关行政机关长提交必要资料，或对该行政机关所管辖公营住宅等供给情况提出建议。

第四章 杂则

（公布促进确保住生活安定及改善措施的实施情况）

第二十一条 国土交通大臣可要求相关行政机关长报告促进确保住生活安定及改善措施的实施情况。

2. 国土交通大臣须每年度汇总前项报告，并公布其概要。

（权限委任）

第二十二条 关于该法律规定的国土交通大臣及厚生劳动大臣的权限，依据国土交通省令的规定，可将国土交通大臣的一部分权限委任给地方整备局长或北海道开发局长；依据厚生劳动省令的规定，可将厚生劳动大臣的全部或一部分权限委任给地方厚生局长。

附则（略）

第三节 住宅金融公库法 ❶

第一章 总则

（目的）

第一条 住宅金融公库的目的，是对于国民大众在建造或购买能够维持健康生活的住宅的必要资金，在银行及其他金融机构难以融资时对其进行融资，为了支持银行及其他金融机构融资而承受贷款债权或对以贷款债权为担保的债券等相关债务予以保证。

---

❶ 立法文号为一九五〇年五月六日法律第一百五十六号，译文版本为二〇〇六年四月一日法律第三〇号。该法已于二〇〇七年三月三十一日废止，其业务从四月一日开始被并入独立行政法人住宅金融支援机构。

2.住宅金融公库除前项规定事项以外,基于产业劳动者住宅资金融通法（一九五三年法律第六十三号）对产业劳动者住宅的建造提供必要的资金贷款,并基于住宅融资保险法（一九五五年法律第六十三号。以下称"保险法"）,对金融机构为住宅建造提供的必要资金贷款提供保险。

3.住宅金融公库除前二项的规定外,另一目的是对建造拥有相当住宅部分且有利于土地的合理利用及灾害防止的建筑物时,在银行及其他金融机构难以融资的情况下,对其进行融资。

（定义）

第二条　本法中,以下各号所示用语的意义,分别依照对应号中的规定。

一、住宅指用于人居住的房屋或房屋的一部分。

二、主要构造部指建筑标准法（一九五〇年法律第二百零一号）第二条第五号所规定的内容。

三、耐火构造指建筑标准法第二条第七号所规定的内容。

四、耐火构造的住宅指符合建筑标准法第二条第九号之二①中所示标准的住宅。

五、准耐火构造的住宅是指耐火构造的住宅以外的住宅中,符合建筑标准法第二条第九号之三①或②的住宅,或者主务省令所规定的拥有同等耐火性能构造的住宅。

六、耐火建筑物等指符合建筑标准法第二条第九号之二①所示标准的建筑物,或是相当于同条第九号之三①或②的建筑物,或是主务省令所规定的拥有同等耐火性能构造的建筑物。

七、中高层耐火建筑物是指耐火建筑物中地上楼层超过三层的建筑物。

（法人格）

第三条　住宅金融公库（以下称"公库"）是公法上的法人。

（事务所）

第四条　公库的主要事务所设在东京都。

2.公库可以在必要之地设置事务所。

（资本金）

第五条　公库的资本金为五十亿元,由政府全额出资。

2.公库在必要的时候经主务大臣准允后可以增加资本金。

3.公库在依据前项规定增加资本金的时候,政府在预算规定的金额范围内,可以给公库出资。此情况下,出资金额的全部或一部分依据第二十六条之三第一项的规定,拨给第二十六条之二第一项第二号所示债权承受的业务、同号所示债务保证特定保险的业务或者同项第三号所示保险业务的相关基金时,必须分项明示金额。

4.为将"美国对日援助担保资金"用作第十七条第一项及第二项规定的业务财源,

政府可从美国对日援助担保资金特别会计中提取预算范围内的必要金额拨给公库。

5. 公库接受前项规定的美国对日援助担保资金时，对于所接受的拨款金额，应被视作第三项规定的政府出资。

6. 与政府出资相关的资金，依据第二十八条规定而取得业务上必要的不动产或经国会决议允许当作经费的情况除外，必须用于第十七条规定的业务。

（登记）

第六条 公库必须按照政令规定作登记。

2. 前项规定的必要登记事项，只有在登记后，才能以此对抗第三者。（前规定的必须登记事项，如果未进行登记，不能与第三者竞争）

（名称的使用限制）

第七条 非公库者、不得使用住宅金融公库或类似的名称。

（法人相关规定的适用）

第八条 民法（一八九六年法律第八十九号）第四十四条、第五十条及第五十四条的规定适用于公库。

第二章 干事及职员

（干事）

第九条 公库设总裁一人、副总裁一人、理事七人以内及监事二人作为干事。

（干事的职务及权限）

第十条 总裁代表公库，统筹业务。

2. 副总裁依据总裁所定，代表公库，辅佐总裁掌管公库事务，总裁遭遇事故时代理其职务，总裁空缺时执行总裁职务。

3. 理事依据总裁所定，代表公库，辅佐总裁及副总裁掌管公库事务，总裁及副总裁遭遇事故时代理其职务，总裁及副总裁空缺时执行他们的职务。

4. 监事监查公库的业务。

5. 监事基于监查结果，必要时可以对总裁或主务大臣提意见。

（干事的任命）

第十一条 主务大臣经内阁同意后任命总裁及监事。

2. 总裁经主务大臣的认可后任命副总裁及理事。

（干事的任期）

第十二条 总裁及副总裁的任期为四年，理事及监事的任期为二年。

2. 总裁、副总裁、理事及监事可以连任。

3. 总裁、副总裁、理事及监事一旦出现空缺，必须立刻任命候选干事。候选干事的任期为前任者的剩余任期。

（干事不符合资格条款）

第十二条之二 政府或地方公共团体的职员（非常勤除外）不能成为干事。

（干事的解任）

第十二条之三 主务大臣或总裁所任命的干事是依据前条规定不能成为干事的人时，必须解任该干事。

2.主务大臣或总裁所任命的干事符合以下任一项时，必须解任该干事。

一、违反本法、产业劳动者住宅资金融通法（以下称"融通法"）、保险法、基于本法的命令或基于本法的主务大臣的命令。

二、因刑事事件被判决有罪。

三、被宣判破产。

四、因身心障碍无法执行职务。

五、除前面各号所示事项，公库干事被认为不适合该职务时。

3.主务大臣依据前项第一号、第四号或第五号的规定解任总裁或监事时，必须征得内阁准允。

4.总裁依据第二项规定解任其所任命的干事时，必须征得主务大臣准允。

5.公库副总裁或理事发生符合第二项任一号的情况时，主务大臣有权命令总裁解任以上干事。

（禁止干事兼职）

第十二条之四 干事不能担任以营利为目的的团体的干事，或自身从事营利事业。但主务大臣若认为兼职干事不妨碍执行公库干事职务而予以准允时例外。

（代表权的限制）

第十三条 公库和总裁、副总裁或理事之间的利益相冲突时，以上干事没有代表权。此种情况下，监事代表公库。

（代理人的选任）

第十四条 总裁、副总裁及理事有权从公库职员中，可以选任在事务所分所的业务上拥有一切诉讼时或非诉讼时的法律行为权限的代理人。

（职员的任命）

第十五条 公库的职员由总裁任命。

（干事及职员的公务员性质）

第十六条 公库的干事及职员在刑法（一九〇七年法律第四十五号）及其他法则的适用上，依据法令，被视为从事公务的职员。

（干事的工资及退休补贴的支付标准）

第十六条之二 公库规定干事的工资及退休补贴的支付标准必须符合社会一般情

况，并予以公布。作更改时，亦如此。

第三章 业务

（业务范围）

第十七条 公库为了达成第一条第一项所示目的，向符合第一号及第二号者提供建造住宅（包括购买新建的、尚未供人居住的住宅，以下称"新建住宅"）或购买新建住宅以外的住宅（以下称"既存住宅"）时所必要的资金贷款；向符合第三号及第四号者，提供建造住宅所必要的资金贷款。

一、需要自住房者。

二、除自住房以外，为供亲属居住而需住房者。

三、给以下所示者开展建造、租赁住宅事业者（地方公共团体除外）。

①需要自住房者。

②为需要自住房者提供租赁住宅者。

四、针对需要自住房者或除自住房以外为供亲属居住而需住房者，开展建造、转让住宅的事业，或建造住宅并转让住宅及其宅地或租地权等事业者。

2.公库在前项所示情况下，可以将以下资金连同分别用于建造该住宅或购买既存住宅时所需资金一起贷出去。

一、符合前项各号者在建造住宅或购买既存住宅时需要重新取得土地或租地权时，用于取得该土地或租地权的必要资金。

二、符合前项第三号或第四号者（符合下一号者除外）在建造住宅时需要幼儿园或以保育监护人委托的婴幼儿为目的的其他设施（以下称"幼儿园等"）时，建造该幼儿园等时所需资金（建造幼儿园等时需要重新取得土地或租地权时，包括用于取得土地或租地权的必要资金。第三十五条之三第一项中同）。

三、符合前项第三号或第四号、建造政令所规定规模以上的团地住宅者，建造住宅的同时，需要建造学校、幼儿园、店铺及其他为居住者提供便利的设施且符合政令规定的设施（以下称"关联便利设施"）时，或者需要修建道路、公园、下水道及其他公共设施且符合政令规定的设施（以下称"关联公共设施"）时，建造该关联便利设施的必要资金（建造关联便利设施时需要重新取得土地或租地权时，包括用于取得该土地或租地权的必要资金）或修建该关联公共设施的必要资金（修建关联公共设施时需要重新取得土地或租地权时，包括用于取得土地或租地权的必要资金。以下同。）

3.获得公库贷款的第一项第三号或第四号所示者在建造住宅或幼儿园等时，以及获得公库贷款的同项第三号或第四号所示者且建造前项第三号的政令所规定的规模以上的团地住宅者在建造关联便利设施时，分别将其建造在依据下一项规定获得贷款而平整的土地上时，将其视为建造住宅或幼儿园等关联便利设施时需要重新取得土地或租地权，适用前项规定。

4. 公库为达成第一条第一项之目的，对开展取得土地或租地权、平整土地、转让土地或借地权的事业或开展平整土地、转让土地或租地权的事业的公司及其他法人、开展此等事业的地方公共团体、依据土地规划整理法（一九五四年法律第一百十九号）开展土地规划整理事业者（土地规划整理联盟开展的土地规划整理事业的情况下，包括受该土地规划整理联盟委托进行平整土地规划整理事业相关土地的联盟成员（仅限于具有足够资金实力及信用开展该土地平整且符合其他主务省令规定的标准者））、依据促进大都市地域的住宅及住宅地供给的特别措施法（一九七五年法律第六十七号。以下称"大都市地域住宅等供给促进法"）开展住宅街区整备事业者提供取得住宅用土地或租地权以及平整土地或住宅用土地时的必要资金的贷款业务。此种情况下，可以和以下资金一起贷出。

一、当需要一起平整为居住者提供便利的设施的用地时，取得用于该设施的土地或租地权及平整土地或平整此等土地时的必要资金。

二、该事业是依据新住宅市街地开发法（一九六三年法律第一百三十四号）的新住宅市街地开发事业或者符合该标准的政令所规定事业时，该事业建造关联便利设施所需资金或该事业修建关联公共设施所需资金。

三、对于事业实施中被认为不得不与该事业所系土地一起进行一体性平整的土地，受委托进行平整时所需资金。

5. 公库可以给对住宅进行改良的人提供改良时所需资金的贷款（对于属于分割所有权的建筑物且并非是大部分是住宅的建筑物（以下本项及第二十条第四项中称"特定建筑物"）的共用部分的改良所需资金，该共用部分的改良所需资金中，仅限于对应该特定建筑物中的住宅部分比例）。

6. 因地震、暴风雨、洪水、火灾及其他主务省令规定的灾害，人居住的房屋（包括主要是人居住的房屋）消失或遭受损毁时，灾害时该房屋的拥有者、租住者或居住者，为自住或租给他人居住，自该灾害发生日起的两年内，建造、购买新房屋或修补遭受损毁的且符合主务省令规定的房屋（以下称"灾害复兴住宅"），或是伴随该灾害复兴住宅的修补而迁移该灾害复兴住宅，伴随该灾害复兴住宅的建造或修补而进行堆积沙土的清理和其他宅地的整备（以下称"整地"），或是伴随建造、购买该灾害复兴住宅而欲取得土地或租地权时，对于这些人，公库可以贷款给其用于该灾害复兴住宅的建造、购买或修补以及修补该灾害复兴住宅时伴随的该灾害复兴住宅的迁移、建造或修补该灾害复兴住宅时伴随的整地、建造或购买该灾害复兴住宅时伴随的土地或租地权的取得时所必要的资金。

7. 依据地崩等防止法（一九五八年法律第三十号）第二十四条规定制定或变更

的关联事业计划或基于关于推进泥石流灾害警戒区域的泥石流灾害防止对策的法律（二〇〇〇年法律第五十七号）第二十五条第一项规定的劝告，转移、摧毁拥有住宅部分的房屋或基于关于促进整备密集市街地的防灾街区的法律（一九九七年法律第四十九号）第十三条第一项规定的劝告除去拥有住宅部分的房屋的情况下，转移或除去该房屋之时该房屋的所有者、租住者或居住者，为了自住或租给他人住，自该关联事业计划公布日或劝告日起的二年以内，转移该房屋或建造新房屋以及伴随转移或建造而欲取得土地或租地权时，对于符合以上情况者，公库可以贷款与其用于该房屋或取代该房屋的新房屋（以下称"地崩等关联住宅"）的转移或建造、转移或建造该地崩等关联住宅时取得土地或租地权的必要资金。

8. 关于拥有住宅部分的房屋用地，依据建筑标准法第十条第三项、宅地造成等规制法（一九六一年法律第一百九十一号）第十六条第二项、第十七条第一项或第二项、第二十一条第二项、第二十二条第一项或第二项或依据关于急倾斜地的崩塌所致灾害的防止法律（一九六九年法律第五十七号）第九条第三项或第十条第一项或第二项的规定而接到劝告或命令者，接到该劝告之日起的二年内或接到该命令之日起的一年以内，计划进行该劝告或命令所系护墙或排水设施的设置、改造及其他工事（宅地防灾工事）时，公库可以贷给以上情况者进行该宅地防灾工事的必要资金。

9. 为达成第一条第一项所示目的，关于与建造住宅或购买既存住宅的必要资金（伴随该住宅的建造或既存住宅的购买而需要重新取得土地或租地权时，包括取得该土地或租地权时的必要资金）的贷款相关的主务省令所定金融机构的贷款债权，公库提供以下业务。

一、该贷款债权的承受（以下称"债权承受"）。

二、担保该贷款债权(仅限保险法第五条第二项中规定的债务保证特定保险关系(以下称"债务保证特定保险关系"）成立的贷款债权，包括其信托的收益权）的债券及其他同等于此的主务省令规定的有价证券所系债务的保证（以下称"债务保证"）。

10. 为达成第一条第二项所示目的，公库提供融通法❶第七条中规定的资金贷款业务及基于保险法的保险业务。

11. 为达成第一条第三项所示目的，公库对于建造以下建筑物者，提供建造所需资金的贷款业务。在此情况下，对于第一号至第三号所示建筑物（对于同号所示建筑物，仅限于改建（指除却现存建筑物的同时，在该建筑物所在土地之全部或一部分区域新建建筑物（包括在该区域内土地的相邻土地上新建与新建建筑物一体的建筑物）以下同））之建造者，建造该建筑物时需要重新取得土地或租地权的情况下，公库提供该建

---

❶ 产业劳働者住宅资金融通法，（昭和二十八年七月十七日法律第六十三号）。

筑物建造所需资金的同时，也可以提供贷款用于取得土地或租地权。

一、住宅市街地中有利于土地的合理健全利用、政令所规定的耐火建筑物中，一半以上是住宅部分的建筑物。

二、都市再开发法（一九六九年法律第三十八号）第二条第六号中规定的设施建筑物以及其他符合政令规定的、有利于市街地土地的合理高效利用及灾害防止的、拥有很大住宅部分的建筑物（前号所示建筑物除外）。

三、拥有相当大住宅部分的中高层耐火建筑物（前二号所示建筑物除外）。

四、政令规定的有利于土地的合理健全利用的耐火建筑物，且占地面积较小、拥有很大住宅部分的建筑物（前三号所示建筑物除外）。

12. 新建造的、土地利用合理的耐火建筑物等（指依据前项规定其建造可以接受贷款的建筑物。以下同）中，按照政令规定，对于购买尚未供人居住或其他本来用途的建筑物者，公库可以提供购房所需资金的贷款。前项后段的规定，适用于购买同项第一号至第三号所示建筑物（对于同号所示建筑物，仅限改建所系建筑物）者、因购房需要重新取得土地或租地权的情况。

13. 公库除第一项、第二项及第四项至前项所规定的业务外，可以执行以下业务。

一、对住宅、幼儿园等、关联便利设施、灾害复兴住宅、地崩等关联住宅或土地利用合理的耐火建筑物等的设计、工事及维持补修、土地的平整、关联公共设施的整备及维持补修、灾害复兴住宅的建造或修补时的整地以及宅地防灾工事给予指导。

二、帮助取得住宅建造时所需土地或租地权。

三、为开展前二号规定的业务而进行的土地取得、平整和让渡，以及住宅建造及让渡。

四、回收贷款（对于承受的贷款债券或保险法第五条第一项规定的特定保险关系（以下称"特定保险关系"）成立后的贷款，包括基于商法（一八九九年法律第四十八号）第六百六十二条第一项规定取得的贷款债券）时取得的动产、不动产或所有权以外的财产权的管理（对于建造中或改良中的住宅、幼儿园等、关联便利设施、灾害复兴住宅、地崩等关联住宅或土地利用合理的耐火建筑物等或正在平整中的土地、建造中的关联公共设施或宅地防灾工事中的土地，包括为使工程顺利进行而在必要范围内进行的建造工事、改良工事或平整工事、整备工事或宅地防灾工事）及处分。

（接受贷款者的选定）

第十八条　公库依据前条第一项、第二项、第四项至第八项、第十一项及第十二项规定开展贷款业务时，对于贷款申请者（以下称"申请者"）的申请贷款金额、申请者的本息偿还能力、属于前条第一项第一号或第二号情况者的需要住宅的事由、属于同项第三号或第四号情况者或依据同条第四项或第十一项申请了贷款者的事业内容、工事计划及其他贷款必要的事项、属于依据同条第五项规定申请了贷款者的改良事由，必须分别进行严格地审查。在以上审查基础上，充分考虑申请者总数及所申请的贷款金额，公正地选定接受公库贷款的人。

（住宅的标准）

第十八条之二　依据第十七条第一项、第十一项及第十二项规定提供的贷款所系住宅（既存住宅除外），必须拥有必要的安全性及良好的居住性，同时其耐久性必须符合主务省令规定的标准。

（土地利用合理的耐火建筑物等的地基的标准）

第十九条　须特别注意的是，贷款所系土地利用合理的耐火建筑物等的地基，必须是安全上和卫生上都是良好的土地，并且是能为该土地利用合理的耐火建筑物等内的居住者提供健康高尚生活居住环境的土地。

（贷款金额的限度）

第二十条　依据第十七条第一项或第二项第一号规定的贷款（下条第一项的表一的项类型栏中规定的政令所定贷款、符合第十七条第一项第二号者的贷款金额及符合同项第四号中的地方公共团体、地方住宅供给公社及其他政令所定者（以下称"地方公共团体等"）以外的人的贷款除外），平均每户的贷款限额如表所示。

表 5-1

类型	限额
以建造耐火构造住宅或准耐火构造住宅及取得该住宅的土地或租地权为目的的贷款	住宅的建造费（购买新建住宅时，以购入价额为准，建造费或购入价额超出标准建造费时，以标准建造费为准。以下本条同。）及土地或租地权的价额（价额超出标准价额时，以标准价额为准。以下本条同）的85%
以建造耐火构造住宅及准耐火构造住宅以外的住宅，或购买既存住宅及取得该住宅的土地或租地权为目的的贷款	住宅的建造费或既存住宅的购入价额（购入价额超出依据楼龄算定的既存住宅标准购入费时，以既存住宅标准购入费为准）及土地或租地权的价额的80%

2. 土地或者租地权拥有者在该土地上建造耐火建筑物等时，对于该耐火建筑物等内的住宅建造，依据第十七条第一项的规定获得贷款时（依据同条第二项的规定获得贷款以取得该住宅建造时所需土地或租地权的情况除外），平均每户的贷款金额限度不受前项规定限制，为该住宅的建造费与取得该住宅建造时之必要土地或租地权时的必要费用（取得该土地或租地权之必要费用超出该住宅建造费的17%时，以该住宅建造费的17%为上限）之和的85%。

3. 依据第十七条第二项或第四项规定获得的贷款中，下表各贷款类型的金额限度如同表限额栏所示。

表 5-2

序号	类型		限额
一	符合第十七条第二项第二号规定的贷款。	以建造耐火建筑物等的幼儿园等及取得相关土地及租地权为目的的贷款	幼儿园等的建造费及土地或租地权价额的85%
		以建造耐火建筑物等的幼儿园等以外的幼儿园等及取得相关土地或租地权为目的的贷款	幼儿园等的建造费及土地或租地权价额的80%
二	符合第十七条第二项第三号规定的贷款中,以建造店铺及其他政令所定者(以下称"店铺等")以外的关联便利设施及取得相关土地及租地权为目的的贷款		店铺等以外的关联便利设施的建造费及相关土地及租地权价额90%
三	符合第十七条第四项第二号规定的贷款中,以建造店铺等以外的关联便利设施为目的的贷款		店铺等以外的关联便利设施的建造费的90%
四	符合第十七条第二项第三号或第四项第二号规定的贷款中,以修建关联公共设施及取得相关土地或租地权为目的的贷款		修建关联公共设施及取得土地或租地权所需费用(以公库的准允额为限度)的90%

4. 符合第十七条第五项规定的贷款的平均每户的金额限度,为住宅改良所需费用(对于特定建筑物的共用部分的改良所需费用,该共用部分的改良所需费用中,仅限住宅部分在该特定建筑物所占比例的费用)的80%(该金额超出政令所定金额时,以该政令所定金额为准)。

5. 符合第十七条第十一项或第十二项规定的贷款中,同条第十一项第一号所示建筑物的住宅部分(政令所定住宅部分除外)的金额限度,为该住宅部分所系住宅的建造费及住宅建造时需重新取得的土地或租地权的价额的80%。

6. 第一项、第二项(包括适用于第二十一条之三第一项的情况)及前项所示情况下,住宅室内面积为67平方米以上且超出主务大臣所定面积时,该室内面积以该主务大臣所定面积为准,计算住宅建造费及既存住宅的购入价额。

7. 关于第一项规定的标准建造费或既存住宅标准购入费,依据地域、规模、构造,对于住宅,充分考虑建造或购买足以维持健康高尚生活的住宅所需通常费用,对于幼儿园等或关联便利设施(店铺等除外。本项中以下同),充分考虑其建造所需通常费用,关于同项规定的标准价额,充分考虑不同地域的单位面积的平均成交价格及土地的应该建造或已建造的住宅室内面积,由公库经主务大臣准允后制定。公库对此作变更时,亦如此。

8. 公库依据前项规定,制定或变更标准建设费、既存住宅标准购入费及标准价额后,必须按照主务省令规定的方法,将其公布。

9. 前各项规定事项除外,符合第十七条规定的贷款金额的限度,由政令规定。

(贷款利率及偿还期)

第二十一条 符合第十七条第一项、第二项、第四项、第五项、第十一项或第十二项规定的贷款中的下表类型一栏各项所示类型及符合同条第六项至第八项规定的贷款的利率、偿还期及宽限期，依据同表类型一栏各项所示类型，分别如同表利率栏、偿还期栏及扣置栏各项所示。

表 5-3

项	类型		利率	偿还期	宽限期
一	符合第十七条第一项或第二项第一号规定的贷款（以下情况除外。符合同条第一项第一号者的贷款中的政令所定贷款、符合同项第二号者的贷款中的政令所定贷款、符合同项第二号的贷款及符合同项第四号贷款中的地方公共团体等以外者的贷款）	（1）以建造中高层耐火建筑物内的耐火构造的住宅及取得相关土地或租地权为目的的贷款	在贷款之日起算的十年期间（以下称"当初期间"）内，年利率为5.5%（符合第十条第一项第一号者的贷款中，对于住宅的构造及其他主务省令所定事项符合主务省令所定基准的住宅所系贷款以外的贷款，年利率6.5%以内）以内，公库所定利率	50年以内（主要构造不为耐火构造的住宅及拥有同等耐久性者，符合主务省所定基准的住宅以外的住宅贷款，为35年以内）	—
		（2）以建造（1）所规定的住宅以外的住宅及取得相关土地或租地权为目的的贷款		35年以内	—
		（3）以购买既存住宅及取得相关土地或租地权为目的的贷款		25年以内（耐久性符合主务省令所定基准的住宅的贷款，为35年以内，拥有同等耐久性者，符合主务省令所定基准的住宅贷款，为30年以内）	—
二	符合第十七条第二项第二号规定的贷款		年利率6.5%以内、公库所定利率	10年以内（包含宽限期）	3年以内
三	符合第十七条第二项第三号或第四项第二号规定的贷款（店铺等贷款除外）	（1）政令所定大规模事业中，在政令所定地域内建造或修建的设施的贷款	年利率6.5%以内、公库所定利率	25年以内）包括宽限期）	5年以内
		（2）（1）所示贷款以外的贷款		（学校其他政令所定设施的贷款，为20年以内，包括宽限期）	3年以内（政令所定规模的事业中，在政令所定地域内建造的学校或其他政令所定的设施的贷款，为5年以内）

项	类型		利率	偿还期	宽限期
四	符合第十七条第五项规定的贷款（政令所定贷款除外）		当初期间，年利率6.5%（改良后的住宅，以使住宅构造及其他主务省令所定事项符合主务省令标准为主要目的的住宅改良（以下本条中称"优良住宅改良"）的贷款，年利率5.5%以内、公库所定利率）；当初期间过后，年利率7.5%（符合第十七条第一项第三号者中，地方住宅供给公社等的贷款，年利率为6.5%（优良住宅改良的贷款为5.5%））以内、公库所定利率	20年以内	—
五	符合第十七条第六项规定的贷款	（1）以灾害复兴住宅的建造或购买（仅限购买新建的灾害复兴住宅中，尚未供人居住或用于其他本来用途者（以下称"新灾害复兴住宅"））及伴随建造的整地、伴随建造或购买所需的土地或租地权的取得为目的的贷款	年利率5.5%以内、公库所定利率	35年以内（耐久性不符合主务省令所定标准的灾害复兴住宅贷款，为25年以内）	3年以内
		（2）新建的灾害复兴住宅以外的灾害复兴住宅的购入及与之伴随的土地或租地权的取得为目的的贷款		25年以内（耐久性符合主务省令所定标准的灾害复兴住宅的贷款，为三十五年以内。耐久性同等于该灾害复兴住宅者，符合主务省令所定标准的灾害复兴住宅的贷款，为三十年以内）	3年以内
		（3）以灾害复兴住宅的修补及与之伴随的迁移或整地为目的的贷款		20年以内（包括宽限期）	1年以内

项	类型	利率	偿还期	宽限期
六	符合第十七条第七项规定的贷款	年利率5.5%以内的公库所定利率	35年以内（耐久性不符合主务省令所定标准的地崩等关联住宅的贷款，为25年以内）	3年以内
七	符合第十七条第八项规定的贷款	年利率6.5%以内、公库所定利率	15年以内	—
八	符合第十七条第十一项或第十二项规定的贷款，同条第十一项第一号所示建筑物的住宅部分（第二十条第五项的政令所定住宅的部分除外）的贷款	当初期间，年利率为5.5%以内、公库所定利率；当初期间过后，年利率为7.5%以内、公库所定利率	35年以内	—

2. 符合第十七条第一项或第二项第一号规定且符合同条第一项第一号的贷款中，供主务省令所定的贷款获得者及与其分开生活的亲属居住用的住宅、且以建造符合主务省令所定标准的住宅及取得伴随建造所需土地及租地权为目的的贷款，关于其偿还期在前项规定的适用，同项表一项（1）偿还期栏中"35年以内"变为"40年以内"，同项（2）偿还期栏中"35年以内"变为"40年以内（主要构造部为耐火构造的住宅或耐久性同等于此者，符合主务省令所定标准的住宅的贷款，为50年以内）"。

3. 依据第十七条第一项、第二项第一号、第十一项或第十二项的规定贷款获得者中需要自住房者，或依据第五项规定贷款获得者中改良自住房者，当初期间过后，其收入（包括其本人及与其共同生活的亲属的收入）低且是政令所定的尤其需要稳定居住者，对于其贷款的利率，不受第一项规定的限制，依据政令所定，可以将当初期间过后的剩余全部或一部分期间的利率调整为与当初期间的利率相同。

4. 第一项之表一项类型栏中规定的政令中，考虑入手自住房的国民的收入，收入中居住费所占比例、国民的居住实况、足以维持健康高尚生活的住宅标准规模及其他必要事项，依据贷款获得者的收入、贷款所系住宅的规模等，来确定收入相对较多者的贷款、规模相对较大的住宅的贷款及其他类于此的贷款。此种情况下，对于贷款获得者的特殊情况、有利于土地的合理的高度利用及灾害防止的住宅建造及公共设施，尤其考虑其有利于促进已建成的整个住宅团地的规划性建设，可以对其做特殊规定。

5. 符合第十七条第一项或第二项第一号规定而获得贷款、购买既存住宅者，同时符合同条第五项规定而获得贷款对既存住宅作优良住宅改良时，关于第一项表一项及四项的规定，同表一项利率栏中的"住宅的构造"改为"改良后住宅的构造"，同项（3）偿还期栏中的"主务省令"改为"改良后主务省令"、"该住宅"改为"改良后该住宅"、同表四项的偿还期栏中"20 年以内"改为"25 年以内（改良后耐久性符合主务省令所定标准的住宅所系贷款，为 35 年以内，改良后耐久性同等于该住宅者中，符合主务省令所定标准的住宅所系贷款，为三十年以内）"，则可适用。

6. 符合第十七条第六项规定获得贷款而购买新建灾害复兴住宅以外的灾害复兴住宅者，与此同时，符合同条第五项规定获得贷款而对该灾害复兴住宅作优良住宅改良的情况下，对于第一项之表之四项及五项的规定，同表四项的偿还期栏中的"20 年以内"改为"25 年以内（改良后耐久性符合主务省令所定标准的灾害复兴住宅所系贷款，为 35 年以内，改良后耐久性同等于该灾害复兴住宅者且符合主务省令所定标准的灾害复兴住宅所系贷款，为三十年以内）"，同表五项（2）偿还期栏中"主务省令"改为"改良后主务省令"、"该灾害复兴住宅"改为"改良后该灾害复兴住宅"，则可适用。

7. 第一项所定事项以外，对于符合第十七条规定的贷款偿还期及宽限期，由政令规定，其利率由公库制定。

8. 依据前项规定，公库制定利率时，必须考虑能够促进住宅的建造、既存住宅的购入、土地的取得及平整、店铺等的建造、住宅的改良或土地利用合理的耐火建筑物等的建造或购入，且必须考虑银行及其他一般性金融机构的贷款利率及第二十七条之二第一项规定的借款利率。对其作变更时，亦当如此。

（贷款偿还期的特例等）

第二十一条之二　因第十七条第六项规定的灾害而消失的住宅在遭受灾害时的住宅所有者或使用者在灾害发生日起算的 2 年内，建造或购买住宅（仅限符合同条第一项第一号规定者建造或购买的住宅），或计划建造土地利用合理的耐火建筑物等情况时，依据同条第一项、第二项或第十一项的规定，贷给他们必要的资金以建造或购买住宅、建造土地利用合理的耐火建筑物等，或取得住宅的建造或购买所需要的土地或租地权时，贷款的偿还期最多可以延长三年，且可以设定自贷款日起算的 3 年以内的宽限期。此情况下，偿还期包括宽限期。

2. 依照基于山村振兴法（一九六五年法律第六十四号）的山村振兴计划或基于人口稀少地区自立促进特别措施法（二〇〇〇年法律第十五号）的人口稀少地区自立促进市町村计划中的村落整备相关事项的计划，振兴山村的居民或人口稀少地区的市町村的居民想建造或购买住宅（仅限符合第十七条第一项第一号规定者建造或购买的住宅）时，依据同条第一项或第二项的规定，贷给他们必要资金以建造或购买住宅或取得伴随建造或购买所需土地或土地权时，贷款的偿还期最多可以延长三年，且可以设定自贷款日起算的三年以内的宽限期。

（为购买设施住宅的权利人提供贷款的特例）

第二十一条之三 拥有大都市地域住宅等供给促进法第七十四条第一项规定的一般宅地的所有权或租地权者（以下本条中称"权利人"），购买（关于伴随购买的土地或租地权的取得，仅限接受下项规定的适用的情况）大都市地域住宅等供给促进法第二十八条第四号规定的设施住宅（以下本条中称"设施住宅"）中的耐火建筑物等时，符合第十七条第一项规定接受贷款时的平均每户的贷款额度，适用第二十条第二项的规定。

2. 权利人因设施住宅的购买而重新取得土地或租地权时，将该土地或租地权的取得视作为该权利人依据适用于大都市区域住宅等供给促进法第八十三条的土地区画整理法第百四条第七项或大都市区域住宅等供给促进法第九十条第二项的规定取得的设施住宅的全部或一部分中的、权利人所指定住宅的建造,适用本法的规定。此种情况下，将拆迁补偿来的安置地视作贷款资金所系设施住宅，将该权利人视作用于该安置地建设的必要资金的贷款接受者。

3. 前项规定的贷款限额，超出权利人因购买设施住宅而取得的土地或租地权的价额时，不受同项规定限制，以该价额作为贷款限额。此种情况下，贷款的利率或偿还期出现不同的时候，按照权利人指定的顺序予以贷款。

（贷款的偿还方法）

第二十一条之四 公库贷款资金的偿还采取分期偿还的方法。但符合第十七条第一项第三号或第四号规定者的贷款，以及符合同条第四项或第十一项规定的贷款，可以不采用分期偿还。

2. 从公库获得贷款的人（包括继承人。以下称"贷款获得者"）在贷款的还款日到来之前，可以提前偿还贷款金额的全部或一部分。

3. 在以下各号任一种情况下，公库可以不受第一项及下条规定的限制，在贷款的还款日到来之前，随时要求贷款获得者还款。但对于能够要求偿还的金额，符合第五号的情况时，不能超过该住宅、幼儿园等、关联便利设施、关联公共设施、灾害复兴住宅或地崩等关联性住宅所系贷款额。

一、贷款获得者连续六个月以上没有分期还款，或者被认为无正当理由却没有按时还款。

二、贷款获得者为了担保贷款而用作抵押的住宅、幼儿园等、关联便利设施、关联公共设施、灾害复兴住宅、地崩等关联住宅、土地利用合理的耐火建筑物等、土地及其他不动产的税金或其他应缴纳的公共费用滞纳时。

三、贷款获得者将贷款用于贷款目的以外之处时。

四、符合第十七条第一项或第二项规定的贷款获得者中，符合同条第一项第一号至第三号规定者或符合同条第五项至第八项、第十一项或第十二项规定的，将贷款所系住宅、灾害复兴住宅、地崩等关联住宅、土地利用合理的耐火建筑物等、土地其他不动产、租地权或宅地防灾工事所系土地或租地权让渡给他人时。

五、贷款所系住宅、幼儿园等、关联便利设施、关联公共设施、灾害复兴住宅或地崩等关联住宅被用于不同于贷款时所规定的用途时。

六、符合第十七条第十一项或第十二项规定的贷款所系土地利用合理的耐火建筑物等，被用于公库所定用途以外的用途时。

七、符合第十七条第一项或第二项规定而获得贷款者中，符合同条第一项第三号或第四号规定者或符合同条第四项至第七项、第十一项或第十二项规定而获得贷款者中，租赁该贷款所系住宅、幼儿园等、关联便利设施、关联公共设施、灾害复兴住宅、地崩等关联住宅或土地利用合理的耐火建筑物等内的住宅者，违反第三十五条第一项、第二项（包括准用于第三十五条之三第二项的情况）、第四项或第三十五条之三第一项规定时。

八、符合第十七条第一项或第二项规定而获得贷款者中，符合同条第一项第三号或第四号规定者或符合同条第四项、第十一项或第十二项规定而获得贷款者，违反第三十五条之二第一项、第二项（包括准用于第三十五条之三第二项的情况）、第三项或第三十五条之三第一项规定时。

九、前各号所示者除外，贷款获得者无正当理由违反合同条款时。

4. 依据前项规定要求偿还贷款时，应偿还者没有按时偿还的情况下，公库可以执行为担保该贷款而设定的抵押权。

（贷款偿还方法等的特例）

第二十一条之五　符合第十七条第十一项或第十二项规定的贷款中，同条第十一项第一号所示建筑物（仅限改建的建筑物）的住宅部分（高龄者（仅限主务省令所定年龄以上者））所系贷款的偿还，不受第二十一条第一项及第七项以及前条第一项的规定，在该高龄者死亡时，可以采取一次性偿还的方法。

（贷款条件的变更等）

第二十二条　由于灾害或其他特殊事由，贷款获得者根本无法支付本息金的时候，公库经主务大臣准允可以变更贷款条件或延滞本息金的支付方法。但因主务省令所定灾害，进行主务省令所定范围内的变更时，可以不需要主务大臣的准允。

（贷款手续费等）

第二十二条之二　依据政令之规定，公库可以在不超过有关贷款申请的审查、工事的审查及其他贷款时必要事务所花费用的范围内，向借款人收取政令所定额度的贷款手续费。

2. 依据政令之规定，公库可以向变更贷款所系本息金支付方法的借款人收取政令所定额度的手续费，其额度不超过变更时必要事务（包括依据第二十七条之七第一项的规定，信托的受托人委托的事务）所需费用总额。

（业务的委托）

第二十三条　公库对于以下各号所示者，可以分别委托各号所定业务（贷款的决定除外）。此种情况下，向第四号规定的政令所定法人，委托同号所定业务中之⑤至⑨所示的各业务时，必须事先征得主务大臣的批准。

一、主务省令所定金融机构，以下所示业务：

①贷款申请的受理及审查。

②有关资金的贷出、本息金的回收及其他贷款和回收的业务。

③收取贷款手续费及支付方法变更手续费。

④贷款回收中获得的动产、不动产或所有权以外的财产权的管理及处分。

二、主务省令所定金融机构及其他政令所定法人，以下所示业务：

①承受贷款债券所系本息金的回收及其他相关回收业务。

②①所规定的本息金回收中取得的动产、不动产或所有权以外的财产权的管理及处分。

三、保险法第二条第三号所定金融机构，以下所示业务：

①对于特定保险关系成立了的贷款，基于商法第六百六十二条第一项的规定取得的贷款债券所系本息金的回收及其他回收相关业务。

②①所规定的本息金的回收中取得的动产、不动产或者所有权以外的财产权的管理及处分。

四、地方共同团体及其他政令所定法人，以下所示业务：

①贷款所系住宅、幼儿园等、关联便利设施、灾害复兴住宅、地崩等关联住宅或土地利用合理的耐火建筑物等的工事的审查、土地平整工事的审查、关联公共设施修建工事的审查、灾害复兴住宅的建造或修补中伴随的整地工事的审查及宅地防灾工事的审查。

②住宅、灾害复兴住宅或土地利用合理的耐火建筑物等购入所需资金的贷款所涉的此等建筑物的规模、规格等审查。

③与住宅、幼儿园等、关联便利设施、关联公共设施、灾害复兴住宅、地崩等关联住宅或土地利用合理的耐火建筑物等的维持修补相关的指导。

④贷款回收中取得的建造中或改良中的住宅、幼儿园等、关联便利设施、灾害复兴住宅、地崩等关联住宅或土地利用合理的耐火建筑物等所涉及的建造工事或改良工事或平整中的土地所涉及的平整工事、修建中的关联公共设施所涉及的修建工事或宅地防灾工事中的土地所涉及的宅地防灾工事。

⑤ 符合第十七条第五项至第八项、第十一项及第十二项规定的贷款相关申请的受理及审查。

⑥ 符合第十七条第五项至第八项规定的贷款相关资金的贷出、本息金的回收及其他贷出和回收相关的业务。

⑦⑥规定的贷款的相关贷款手续费及支付方法变更手续费的征收。

⑧⑥规定的贷款的相关贷款金回收中取得的动产、不动产或所有权以外的财产权的管理及处分。

⑨ 保险法规定的保险业务中，保险法第十三条规定的保险条约所定情况下的关于金融机构的贷款的调查。

2.公库依据前项规定，如果想要委托一部分业务，对于接受该业务委托者（第二十七条之七第一项除外，以下称"受托者"），必须明示委托业务的相关准则。

3.公库依据第一项的规定委托业务的时候，必须向受托者支付手续费。

4.关于前项的手续费，对于本息金回收相关业务以外的委托业务，公库以业务所需必要经费作为基准；对于本息金回收相关业务，该业务所需必要经费加上依据本息金的回收比例（回收到的本息金额相对应回收额的比例）及公库所定比率算出的金额之和作为手续费的基准。

5.在认为必要的时候，公库可以让受托者报告该委托业务的处理或让干事或职员对委托业务作必要的调查。

6.第一项各号所示者，不论其他法律规定如何，可以接受公库依据同项规定委托的业务。

7.作为受托者的金融机构或第一项第二号、第四号规定的政令所定法人(以下称"金融机构等")的干事或者职员且从事符合同项规定的委托业务者，在刑法及其他罚则规定的适用上，将其视为依据法令从事公务的职员。

8.公库可以向冲绳振兴开发金融公库委托第十七条第九项规定的业务、同条第十三项第四号（对于承受贷款债券或特定保险关系成立了的贷款，仅限于基于商法第六百六十二条第一项规定取得的贷款债券所系贷款金的回收部分）规定的业务及保险法规定的保险业务的一部分。

9.公库依据独立行政法人雇佣·能力开发机构法（二○○二年法律第一百七十号）第十二条第一项的规定，接受独立行政法人雇佣·能力开发机构的业务委托时，可以将所接受的委托业务的一部分委托给金融机构等或地方公共团体。第二项至第七项的规定，适用于此情况。

（业务方法书）

第二十四条 公库必须在业务开始之际制定业务方法书，提交给主务大臣，并获得其批准。变更时亦是如此。

2. 前项业务方法书必须记载贷款的方法、贷款手续费的收取方法、本息金的回收方法，能够贷款的住宅、幼儿园等、关联便利设施、灾害复兴住宅、地崩等关联住宅或土地利用合理的耐火建筑物等的规模及规格的相关标准，能够贷款的住宅改良的相关标准，能够贷款的土地平整的相关标准，能够贷款的关联公共设施的修建的相关标准，委托业务或受托业务的相关准则及贷款金的利率，关联便利设施、关联公共设施、灾害复兴住宅、地崩等关联住宅、土地利用合理的耐火建筑物等或宅地防灾工事所系工事对象的维持修补的义务，贷款所系住宅、幼儿园等、关联便利设施、关联公共设施、灾害复兴住宅、地崩等关联住宅、土地利用合理的耐火建筑物等或宅地防灾工事所系工事对象的大修缮或改建的公库的批准意见及其他贷款条件，第十七条第九项规定的贷款债权所系住宅的规模及规格的相关基准及其他同项所规定的业务处理的相关准则，以及执行第十七条第十三项各号所规定的业务时该业务处理的相关准则，保险法规定的保险业务的处理的相关准则。

（事业计划及资金计划）

第二十五条 公库在每个事业年度，为了跟上该事业年度的预算的附加材料所定下的计划，必须制作各个季度的事业计划及资金计划，并规定第二十七条之二第四项规定的该季度的短期借款的最高额，提交给主务大臣，征得其批准。变更时亦是如此。

第四章 会计

（预算及决算）

第二十六条 公库的预算及决算，依照关于公库预算及决算的法律（一九五一年法律第九十九号）的规定执行。

（特别账目）

第二十六条之二 公库对于以下所示业务，必须分别设置特别会计科目。

一、针对劳动者财产形成促进法第十条第一项规定的劳动者或同项规定的公务员的、同项本文所规定的贷款（以下称"财形住宅贷款"）业务。

二、债权承受的业务、债务保证的业务及保险法规定的债务保证特定保险（指债务保证特定保险关系所系保险。以下同）的业务。

三、保险法规定的保险业务（债务保证特定保险的业务除外）。

四、公库于二〇〇五年三月三十一日前贷出的资金（包括除财形住宅贷款资金外，公库在同日以前受理申请、同日后贷出的资金）所涉债权的管理、回收及其他该资金相关业务。

2. 前项的特别会计科目中，每事业年度经盈亏计算有盈余时，依据主务省令的相关规定，必须将其盈余（对于同项第四号所示业务的特别会计，执行附则第十八项规定的整理后的利益）的全部或一部分作为积立金进行储备。

3. 在第一项的特别会计科目中，当事业年度经盈亏计算有损失时，可提取前项积立金来填补，若无法填补损失，则将亏损额转入下一事业年度。

4. 非依据前项规定填补损失的情况，不得提取第二项的积立金。

5. 除前项规定的内容外，其他有关第一项的特别会计科目的必要事项，由主务省令规定。

（基金）

第二十六条之三　关于债权承受的业务、债务保证特定保险的业务及前条第一项第三号所示保险的业务，公库分别设立基金，拨入的金额为依据第五条第三项规定政府分别应当下拨给该基金的金额，和依据下一项及第三项规定分别充入该基金的总额之和。

2. 公库认为有必要拨资金给前项各基金时，经主务大臣批准，可以将资本金（已被明示要拨给同项各基金的或已经充入其中的除外。）的一部分充入各个基金里。

3. 公库认为有必要拨资金给债权承受的业务或者债务保证特定保险的业务所涉基金时，经主务大臣批准，可以减少前条第一项第三号所示保险业务基金的一部分，将同等额充入债权承受业务或债务保证特定保险业务基金里。

（国库缴纳金）

第二十七条　公库每事业年度经盈亏计算后得出的盈余，必须在下一个事业年度的五月三十一日前缴纳给国库。

2. 前项规定的国库缴纳金，作为同项所规定的日期的所属会计年度的前一年度的政府收入。

3. 第一项缴纳盈余金时的盈利计算必须扣除第二十六条之二第一项的特别结算的盈亏。除此以外，关于第一项的盈余金的计算方法、缴纳金的缴付手续及其所归属的会计，由政令规定。

（借入款）

第二十七条之二　公库经主务大臣批准，可以向政府借款。第四项、第七项及第八项所规定的情况除外，公库不得向民间银行借款。

2. 政府可以借给公库资金。

3. 第二十六条之二第一项第四号所示业务的特别会计债务中，依据前项规定由主务大臣和财务大臣协议决定并由政府在二〇〇五年三月三十一日之前借出的资金债务，其偿还期限为主务大臣和财务大臣在二〇一二年三月三十一日之前协议确定的偿还期限。

4. 公库因资金周转而有必要之时，可以从主务省令规定的金融机构短期借入资金。其借入资金的最高额度为第一项所规定的来自政府的借入款的借入预算所规定的限额和下一条第一项规定的住宅金融公库债券（以下同项中称"公库债券"）的发行预算所规定的限额之和，减去已经借入的借款金额和已经发行的公库债券额之总额后的金额。

5. 依据前项规定的短期借款，在借入的事业年度内必须偿还。但因资金不足无法偿还时，仅限无法偿还部分的金额，经主务大臣的批准，可以借新还旧。

6. 依据前项规定而获得的"借新还旧"短期借款，必须在一年以内偿还。

7. 公库经主务大臣批准，为筹集财形住宅贷款的必要资金，可以向民间银行及其他民间机构借入长期借款。

8. 公库依据前项规定借入长期借款，或发行下一条第三项规定的住宅金融公库财形住宅债券（以下该条中称"财形住宅债券"）以筹集资金的情况下，在该借入或发行之前，需要资金周转时，作为通过该长期借款的借入或财形住宅债券的发行来筹集资金的预借，经主务大臣批准，可以向民间银行或其他民间机构借入短期借款。通过长期借款的借入来筹集资金之时，该短期借款必须在该长期借款的金额限度内，通过发行财形住宅债券来筹集资金时，该短期借款仅限该财形住宅债券之承兑合同成立或其承兑合同确定会成立的情况下，且在欲发行的该财形住宅债券的金额限度内。

9. 前项规定的短期借款，在公库借入了长期借款或发行了财形住宅债券之后，必须马上用借入或发行筹集的资金来偿还。

10. 公库可以将第七项规定的长期借款的借入相关事务的全部或一部分委托给主务省令所规定的金融机构。

（债券的发行）

第二十七条之三 公库经主务大臣的批准，可以发行住宅金融公库债券（以下称"公库债券"。）

2. 除前项规定事项外，在确有必要时公库可依据政令规定给失去公库债券者发行公库债券。

3. 公库经主务大臣的批准，为了筹集前条第七项的资金，可以发行住宅金融公库财形住宅债券（以下称"财形住宅债券"。）

4. 对属于所有权共有的建筑物的共用部分进行改良的该建筑物的所有权者的团体且希望获得第十七条第五项规定的贷款者，公库经主务大臣批准，可以向其发行住宅金融公库住宅宅地债券（以下称"住宅宅地债券"）。

5. 公库债券（该公库债券所系债权基于第二十七条之五的规定有被信托的贷款债券担保者除外）、财形住宅债券或住宅宅地债券的债权者，对于公库的财产，有权优先于其他债权者接受债权偿还的权利。

6. 前项的优先特权，次于民法规定的一般优先特权。

7. 公库可以将关于发行公库债券、财形住宅债券或住宅宅地债券的全部或一部分事务委托给本国或外国的银行、信托公司或证券公司。

8.依据前项规定接受委托的银行、信托公司或证券公司，适用公司法（二〇〇五年法律第八十六号）第七百五条第一项和第二项以及第七百九条的规定。

9.前各项规定事项以外，公库债券、财形住宅债券以及住宅宅地债券的相关必要事项，由政令规定。

（政府保证）

第二十七条之四　不受关于政府对法人的财政援助限制的法律（一九四六年法律第二十四号）第三条规定的约束，在经国会决议的金额范围内，政府可以保证公库依据前条第一项规定发行的公库债券所系债务（基于关于接受国际复兴开发银行等的外资的特别措施法律（一九五三年法律第五十一号）第二条规定，政府能够保证合同的债务除外。）

2.除前项规定事项以外，对公库依据前条第二项规定发行的公库债券所系债务，政府予以保证。

（为了担保公库债券的贷款债权的信托）

第二十七条之五　经主务大臣批准，公库为了担保公库债券所系债务（政府依据前条规定保证的债务除外），可以将其贷款债权的一部分信托给关于信托公司及金融机构的信托业务等的法律(昭和十八年法律第四十三号)第一条第一项认可的金融机构(下一条中称"信托公司等"）。

（为了筹集资金的贷款债权的信托等）

第二十七条之六　公库经主务大臣批准，为了筹集贷款（财形住宅贷款除外）或债权承受所需资金，可以分别将该贷款或债权承受所系贷款债权的一部分信托给信托公司等，让渡该信托的受益权。

2.前项规定的受益权的让渡的等价总额，若非在每事业年度经国会决议的金额范围内，不能依据前项规定进行信托，不能让渡该信托的受益权。

（来自信托的受托者的业务的受托等）

第二十七条之七　公库依据前二条规定信托其贷款债权时，必须从该信托的受托者那受托以下所示业务之全部。

一、该贷款债权所系本息金的回收及回收相关业务。

二、该贷款债权所系贷款资金的回收中取得的动产、不动产及所有权以外的财产权的管理及处分。

2.公库可以将依据前项规定受托的同项各号所示业务（若是公库的贷款所系贷款债权的相关业务，包括支付方法变更手续费的征收）委托给第二十三条第一项第一号规定的主务省令所规定的金融机构及同项第二号规定的主务省令所规定的金融机构及其他政令所规定的法人。同条第二项至第七项的规定，适用于此种情况。

3. 公库可以将依据第一项规定受托的同项各号所示业务（仅限承受贷款债权所系业务）委托给冲绳振兴开发金融公库。第二十三条第二项至第四项的规定适用于此种情况。

（富余资金的运用等）

第二十八条 公库除以下方法外，不得运用业务上的富余资金。

一、保有国债、地方债或政府保证债（指政府保证本金的偿还及利息支付的债券）。

二、委托保管到财政融资资金。

三、存入银行。

四、主务省令规定的同等于前三号的方法。

2. 依据前项规定的方法运用富余资金时，必须安全、高效。

3. 公库可以将业务所涉现金委托保管给国库。

4. 公库为了执行业务，必要时可以将业务所涉资金转入邮政；或者为了让受托者的金融机构执行业务，将必要范围内的业务所涉资金预托给该金融机构。

（会计账簿）

第二十九条 依据主务省令的相关规定，公库必须准备必要账簿，以详细记载业务性质、业务内容及事业运营和财务情况。

第三十条 删除

第五章　监督

（监督）

第三十一条 公库受主务大臣监督。

2. 主务大臣为施行本法、融通法及保险法，在必要的时候可以出于监督的立场对业务发出必要命令。

第三十二条 对公库、成为受托者的金融机构等、地方公共团体（包括依据第二十三条第八项或第九项或第二十七条之七第二项的规定接受委托的金融机构等以及地方公共团体），或依据融通法第十条第一项的规定接受委托的地方公共团体或金融机构（以下本章中称"受托者等"），以及符合第十七条第一项规定的贷款获得者中、符合同项第三号或第四号规定者，符合同条第四项规定的贷款获得者，以及符合融通法第七条第一项规定的贷款获得者中、符合同项第三号或第四号规定者（以下本项中称"获得贷款的法人等"），主务大臣在认为有必要的时候，可以要求他们作汇报，也可以安排职员进入公库、受托者等、获得贷款的法人等的事务所，检查其业务状况、账簿、书面材料及其他必要物件。但对于受托者等，仅限于该委托业务的范围；对于获得贷款的法人，仅限于该贷款所涉业务的范围。

2. 职员依据前项规定进行入内检查时，必须携带表明身份的证件、并出示给相关者。

3. 第一项规定的入内检查，不得解释成犯罪搜查。

（权限的委任）

第三十二条之二　主务大臣，依据政令的相关规定，可以将前条第一项规定的对公库或受托者等的入内检查的一部分权限委任给内阁总理大臣。但对作为受托者的地方公共团体或第二十三条第一项第四号规定的政令所定法人作入内检查时，其业务范围仅限在同号（5）至（9）所示业务及依据同条第九项或融通法第十条第一项的规定接受委托而进行的（5）至（8）所示之业务。

2. 内阁总理大臣基于前项的委任，依据前条第一项的规定作了入内检查后，必须迅速向主务大臣汇报其结果。

3. 内阁总理大臣可将依据第一项规定受委任的权限以及前项规定的权限委任给金融厅长。

4. 金融厅长依据政令的相关规定，可以将依据前项规定而被委任的全部或一部分权限委任给财务局长或财务支局长。

第六章　杂则

（解散）

第三十三条　关于公库的解散，法律另作规定。

（贷款资金用途的规正）

第三十四条　贷款获得者不得将贷款资金用于贷款目的以外的目的。

2. 为了防止贷款资金用于贷款目的以外的目的，公库必要时可以对计划用贷款资金建造或改良的住宅、幼儿园等、关联便利设施、灾害复兴住宅、地崩等关联住宅以及土地利用合理的耐火建筑物等的工事施行者，以及计划用贷款资金平整土地、修建关联公共设施或进行宅地防灾工事的工事施行者，在直接交付资金等资金交付方面采取适当的措施。

（租房人的选定及房租）

第三十五条　符合第十七条第一项规定的贷款获得者中，符合同项第三号规定者，租赁该贷款资金所系住宅时，对同号（1）或（2）所示者，关于租房人的资格、租房人的选定方法及其他租赁条件，必须遵循主务省令所定基准。

2. 符合第十七条第一项规定的贷款获得者中，符合同项第三号规定者，对于该贷款所系住宅的房租，不得签订、收取超出主务大臣考虑建造住宅所需费用、利息、修缮费、管理事务费、损害保险金、相当于地价的费用、税捐及其他必要费用后制定出的金额。

3. 前项的建造住宅的必要费用，指当建筑物价及其他经济状况发生巨大变动且情况符合主务省令所定基准时，变动后通常建造该住宅的必要费用。

4. 符合第十七条第五项至第七项、第十一项或第十二项规定的贷款获得者出租该贷款所系住宅、灾害复兴住宅、地崩等关联住宅、土地利用合理的耐火建筑物等内的住宅时，关于租房人的资格、租房人的选定方法、房租及其他租赁条件，必须遵循主务省令的基准。

（受让人的选定及让渡价额）

第三十五条之二 符合第十七条第一项或第二项规定的贷款获得者，且符合同条第一项第四号规定者，将该贷款资金所系住宅、土地或租地权，让渡给需要自住房者或除自住房以外为供亲属居住而需住房者时，符合同条第四项规定的贷款获得者，将该贷款资金所系土地或租地权让渡给因建造住宅或同项第一号规定的设施而需要土地或租地权者时，关于受让人的资格、受让人的选定方法、让渡价额（仅限于该贷款获得者为非地方公共团体等）及其他让渡条件，必须遵循主务省令所定标准。关于土地区划整理事业或住宅街区整备事业，符合第十七条第四项规定的贷款获得者在让渡该贷款资金所系土地或租地权时，亦当如此。

2. 依据第十七条第一项或第二项规定而获得贷款的地方公共团体等且符合同条第一项第四号规定者，以及依据同条第四项规定而获得贷款的地方公共团体等（因新住宅市街地开发而接受同项规定贷款的地方公共团体等除外），让渡该贷款资金所系住宅、土地或租地权时，不得签订、受领超出主务大臣考虑住宅建造所需费用（包括因建造住宅而取得土地或租地权时产生的费用）、土地或租地权的取得及土地平整费用、土地平整费用、利息及其他费用后制定出来的价额。

3. 符合第十七条第十一项或第十二项的贷款获得者，将该贷款所系土地利用合理的耐火建筑物等内的住宅或建设、购买该住宅时取得的土地或租地权中该贷款所涉部分让渡给他人时，关于受让人的资格、受让人的选定方法、受让价额及其他让渡条件，必须遵循主务省令所定基准。

（幼儿园等、关联便利设施等的租赁等）

第三十五条之三 符合第十七条第二项规定的贷款获得者且是将贷款用作幼儿园等的建造资金、关联便利设施的建造资金（包括取得为建造关联便利设施的土地或租地权的资金）或关联公共设施的修建资金者，或是符合同条第四项规定的贷款获得者（因土地区划整理事业或住宅街区整备事业、新住宅市街地开发事业，已经获得贷款者除外），且是将贷款用作建造与相当于同项第二号规定的新住宅市街地开发事业的政令规定的事业中的关联便利设施的建造资金（包括因建造关联便利设施而取得土地或租地权、平整土地时的必要资金）或关联公共设施的整备资金（以下本项中称"关联便利设施建设资金等"）者，将该贷款资金所系幼儿园等、关联便利设施或关联公共设施、土地或租地权租赁、让渡给需要幼儿园等、关联便利设施或关联公共设施、土地或租地权者时，关于租借人或让受人的资格、租借人或让受人的选定方法及其他有关租赁或让渡的条件，必须遵循主务省令的规定。属于土地区画整理事业或住宅街区整备事业且是相当于第十七条第四项第二号规定的新住宅市街地开发事业的政令规定的事业者，"关联便利设施建设资金等"的贷款获得者在租赁、让渡该贷款资金所系关联便利设施、关联公共设施、土地或租地权时，亦如此。

2. 第三十五条第二项及第三项的规定适用于前项规定的租赁，前条第二项的规定适用于前项规定的转让。此时，第三十五条第二项及第三项中的"建造住宅"改为"建造幼儿园等或关联便利设施或整备公共设施"，同条第二项中的"房租"改为"幼儿园等或关联便利设施或整备公共设施的租金"，前条第二项中的"住宅建造"改为"幼儿园等建造"，"土地或租地权的取得及土地平整费用、土地平整费用"改为"关联便利设施的建造费用（包括建造关联便利设施时需要的土地或租地权的取得费用及土地平整费用、土地的平整费用）、关联公共设施的整备费用（包括整备关联公共设施时需要的土地或租地权的取得费用及土地平整费用、土地的平整费用）"，"住宅、土地或租地权"改为"幼儿园等、关联便利设施或关联公共设施、土地或租地权"。

（帮助取得土地的手续费）

第三十六条 公库在开展第十七条第十三项第二号规定的业务时，经主务大臣批准，可以征收帮助取得土地的手续费。

（对贷款获得者的财务检查）

第三十七条 会计检查院可以在必要的时候检查贷款获得者的财务。

（协议）

第三十八条 主务大臣关于财形住宅贷款，想给予第二十四条第一项的批准时，必须事先和厚生劳动大臣协议。

（建筑基准法及宅地建筑交易业法的适用）

第三十九条 在建筑基准法第十八条（包括适用于同法第八十七条第一项、第八十七条之二、第八十八条第一项之第三项或第九十条第三项的情况）及宅地建筑交易业法（一九五二年法律第一百七十六号）第七十八条第一项的规定适用上，将公库视作国家。

（关于贷款业的规制等的法律的适用除外）

第四十条 公库依据主务省令的相关规定，从关于贷款业的规制等的法律（一九八三年法律第三十二号）第二条第二项规定的贷款业者承受债券时，同法第二十四条的规定不适用。

第四十一条 删除

第四十二条 删除

第四十三条 删除

（过渡期措施）

第四十四条 依据本法的规定，制定或改定、废止政令、主务省令时，政令或主务省令可以分别在其制定或改订、废止时的合理、必要的范围内，规定所需的过渡期措施（包括关于罚则的过渡期措施）。

（主务大臣、主务省令）

第四十五条 本法中的主务大臣，是国土交通大臣和财务大臣，主务省令是国土交通省令和财务省令。

第七章 罚则

第四十六条 符合第十七条第一项或第二项规定的贷款获得者中，符合同条第一项第三号或第四号规定者，或符合同条第四项规定的贷款获得者，有以下各号任一行为时，对违法了的公司及其他法人代表者或自然人、公司及其他法人、自然人的代理人、使用人及其他从业者，处以三十万日元以下的罚金。

一、不遵循第三十五条第一项或第三十五条之三第一项规定的基准，出租住宅、幼儿园等、关联便利设施或关联公共设施时。

二、以超出第三十五条第二项（包括适用于第三十五条之三第二项的情况）规定的金额，签订或收取房租或租金时。

三、不遵循第三十五条之二第一项或第三十五条之三第一项规定的基准，让渡住宅、幼儿园等、关联便利设施、关联公共设施、土地或租地权时。

四、以超出第三十五条之二第二项（包括适用第三十五条之三第二项的情况）规定的金额，签订或受理住宅、幼儿园等、关联便利设施、关联公共设施、土地或租地权的让渡价额。

2. 法人代表者、法人或自然人的代理人、使用人及其他从业者，当其业务存在前项所列的违反行为时，除惩罚行为者，对法人或自然人也处以同项规定的罚款。

第四十七条 作为受托者的金融机构等（包括依据第二十三条第九项或第二十七条之七第二项的规定接受委托的金融机构等）违反第二十三条第五项的规定不汇报或虚假汇报，或拒绝、妨碍、逃避调查时，对具此违反行为的金融机构等的干事或职员处以三十万日元以下的罚金。

第四十八条 公库、作为受托者的金融机构等（包括依据第二十三条第八项或第九项或第二十七条之七第二项的规定接受委托的金融机构等）以及依据融通法第十条第一项的规定接受委托的金融机构，违反第三十二条第一项的规定不报告或虚假报告，又或拒绝、妨碍、逃避检查时，对具有违反行为的公库、金融机构等、或依据融通法第十条第一项的规定接受委托的金融机构的干事及职员处以三十万日元以下的罚金。

第四十八条之二　贷款获得者且符合第十七条第一项第三号或第四号的规定者，以及符合同条第四项的规定的贷款获得者且符合同项第三号或第四号规定者，违反第三十二条第一项的规定而不汇报或虚假报告，又或拒绝、妨碍、逃避检查时，对具此违反行为的公司及其他法人代表者或自然人、公司及其他法人或自然人之代理人、使用人及其他从业者处以三十万日元以下的罚金。

第四十九条　以下情况中，对具有违反行为的公库的干事或职员处以二十万日元以下的过失罚款。

一、依据此法律必须获得主务大臣的批准或征得其准允，而未获得批准或征得准允的。

二、违反了第六条第一项的规定而忘记登记或登记不属实之时。

三、从事第十七条规定的业务以外的业务时。

四、超出第二十条第一项至第五项或第九项规定的限度，又或不依据同条第六项的规定计算室内面积而贷出贷款时。

五、违反第二十条第八项的规定而没有公布，又或公布的内容不属实时。

六、违反第二十八条的规定运用业务上的富余资金时。

七、违反第三十一条第二项规定的主务大臣的命令时。

第五十条　对违反第七条的规定，使用住宅金融公库这一名称或类似名称者，处以十万日元以下的过失罚款。

附则（略）

第四节　公营住宅法 ❶

第一章　总则

（该法律的目的）

第一条　该法律谋求国家及地方公共团体共同努力，完善足以提供健康文化生活的住宅，以低廉租金向住房困难的低收入者出租或转租，为国民生活的安定与社会福祉的增进而贡献。

（用语定义）

第二条　该法律中以下各项用语的意义如下：

一、地方公共团体：指市町村及都道府县。

---

❶　立法文号为一九五一年六月四日法律第一百九十三号，译文版本为二〇一二年三月三一日法律第一三号。

二、公营住宅：指地方公共团体建设、购入或征借，租赁或转租给低收入者的住宅及其附属设施，据该法律规定为国家补助相关物。

三、公营住宅建设：指建设公营住宅，为建设公营住宅获取必要的土地所有权、地上权或土地租借权，包括将该土地建设成为宅地（以下称"为建设公营住宅而获取土地等"）。

四、公营住宅的购入：指购入必要住宅及其附属设施，以作为公营住宅向低收入者出租，包括为购入该住宅及附属设施而获取必要的土地所有权、地上权，或土地租借权。

五、公营住宅建设等：指公营住宅的建设或购入公营住宅。

六、公营住宅的征借：指借贷必要住宅及其附属设施，以作为公营住宅向低收入者转租。

七、公营住宅的整备：指公营住宅的建设等或公营住宅的征借。

八、公营住宅供给：指公营住宅的整备及管理。

九、共同设施：国土交通省令规定的儿童游乐园、公共浴池、集会所及其他为了公营住宅入住者之共同福利的必要设施。

十、共同设施的建设：指建设共同设施，为了建设共同设施而获取必要的土地所有权、地上权或土地租借权，包括将该土地建成宅地（以下称"为了建设共同设施而获取土地等"）。

十一、共同设施的购入：指为了公营住宅入住者的共同福利而购入必要设施以作为共同设施，包括为了购入该设施而获取必要的土地所有权、地上权或土地租借权（以下称"为购入共同设施而获取土地"）。

十二、共同设施的建设等：指共同设施的建设或共同设施的购入。

十三、共同设施的征借：指为了公营住宅入住者的共同福利而租借必要设施以作为共同设施。

十四、共同设施的整备：指共同设施的建设等或共同设施的征借。

十五、公营住宅改建事业：在拆除现存公营住宅（仅限于基于第七条第一项或第八条第一项或第三项规定的接受国家补助的建设或购入），或现存公营住宅及共同设施（仅限于基于第七条第一项或第二项或第八条第一项或第三项规定的接受国家补助而建设或购入者）的同时，在其原址所在全部或一部分的土地区域内新建公营住宅或新建公营住宅及共同设施，且是依据该法律规定的活动，包括其附属事业。

十六、事业主体：指实施公营住宅供给的公共团体。

（公营住宅供给）

第三条 地方公共团体要经常留意其区域内的住宅情况，为缓解低收入者住宅不足的问题，在有必要的情况下，须实行公营住宅供给。

（国家及都道府县的援助）

第四条　国家在有必要的情况下，在公营住宅供给方面，须向地方公共团体提供财政、金融及技术方面的援助。

2. 都道府县在有必要的情况下，在公营住宅供给方面，须向市町村提供财政及技术方面的援助。

第二章 公营住宅的整备

（整备基准）

第五条　公营住宅的整备，须参照国土交通省令制定的基准，事业主体按照条例规定的整备基准进行。

2. 事业主体在进行公营住宅整备时，须参考国土交通省令制定的基准，按照条例规定的整备基准，并同时致力于共同设施的整备。

3. 事业主体须使公营住宅及共同设施成为耐火结构。

第六条　删除

（有关公营住宅建设或共同设施建设的国家补助）

第七条　事业主体基于住生活基本法（二〇〇年六法律第六十一号）第十七条第一项规定的都道府县规划（以下称"都道府县规划"）建设公营住宅时,在预算范围内,国家补助该公营住宅建设所需费用（含为建设该公营住宅而拆除其他公营住宅或共同设施所需费用；不含为建设公营住宅获取土地所需费用及为购入公营住宅所需的土地获取费用。以下该条及次条同）的二分之一。

2. 事业主体依据都道府县规划建设共同设施等（仅限国土交通省令规定的共同设施。本条以下同)的情况下,在预算范围内,国家可以补助该共同实施建设等所需费用（含为建设该共同设施而拆除其他共同设施或公营住宅的费用；不含为建设共同设施获取土地等所需费用及为购入共同设施所需的土地获取费用）的二分之一。

3. 关于前两项规定的国家补助金额的计算，公营住宅建设等所需费用或共同设施建设等所需费用超过标准建设或购入费用时，将标准建设或购入费用看作公营住宅建设等所需费用或共同设施建设所需费用。

4. 前项规定的标准建设或购入费用，作为公营住宅建设等所需费用或共同设施建设等所需费用，以通常的必要费用为基准，由国土交通大臣决定。

5. 地方公共团体按照都道府县规划，建设公营住宅等或建设共同设施的等情况下，将如下所示补贴用于该公营住宅建设等所需费用或共同设施建设等所需费用时，该补贴视作第一项或第二项规定的国家补助，适用于该法律的规定。

一、都市再生特别措施法（二〇〇二年法律第二十二号）第四十七条第二项的补贴。

二、适应区域多种需要的公共租赁住宅等的配置等特别措施法（二〇〇五年法律第七十九号）第七条第二项的补贴。

三、以广域地区活性化为目的的基础整备法律（二〇〇七年法律第五十二号）第十九条第二项的补贴。

四、冲绳振兴特别措施法（二〇〇二年法律第十四号）第一〇五条之三第二项的补贴。

（关于灾害情况下公营住宅建设等的国家补助特例等）

第八条 符合以下各号之一的情形，事业主体为向灾害中失去住宅的低收入者出租而建设公营住宅等时，国家补助公营住宅建设所需费用的三分之二。但当户数超过（第十条第一项或第十七条第二项或第三项规定的国家补助相关公营住宅（但除去本项正文规定的国家补助相关住宅）中，若有租借或转租给因该灾害失去住宅的低收入者，则是扣除这些户数所得之户数）该灾害中失去住宅户数的三成时，不受此限。

一、因地震、暴风雨、洪水、海啸及其他异常自然现象导致失去住宅时，整个受灾区失去住宅户数为五百户以上，或一个市町村区域内有二百户以上，或超过该区域内住户数一成以上时。

二、在因火灾而失去住宅的情况下，当整个灾区失去户数在二百户以上，或达到一个市町村区域内住宅户数的一成以上时。

2. 前条第三项及第四项规定适用于前项规定的国家补助金额的计算。

3. 当由于灾害（火灾则仅限于地震造成的火灾）导致公营住宅或共同设施毁坏，或严重损坏的情况下，事业主体建设公营住宅、建设共同设施或维修公营住宅或共同设施时，在预算范围内，国家补助该公营住宅建设所需费用（含为建设该公营住宅而必须拆除其他公营住宅或共同设施所需费用；不含为建设公营住宅获取土地等所需费用。本条以下及同）、建设该共同设施所需费用（含为建设该共同设施必须拆除其他共同设施或公营住宅的费用；不含为建设共同设施获取土地等所需费用。以下本条同）、维修（以下称"基于灾害的维修"）所需费用或为建设公营住宅等而修复宅地（为建设公营住宅或共同设施，将必要的土地修复为宅地的土地建设。以下同）所需费用的二分之一。

4. 关于基于前项规定的国家补助金额的计算，当建设公营住宅所需费用或建设共同设施所需费用、基于灾害的维修所需费用或为建设公营住宅等的宅地修复所需费用，分别超过标准建设费、标准维修费、标准宅地修复费用时，将标准建设费当作公营住宅建设所需费用或共同设施建设所需费用，将标准维修费当作基于灾害的维修所需费用，将标准宅地修复费当作为建设公营住宅等宅地修复所需费用。

5. 前项规定的标准建设费、标准维修费、标准宅地修复费，分别作为公营住宅建设所需费用或共同设施建设所需费用、基于灾害的维修所需费用、为公营住宅建设等修复宅地所需费用，以通常必要费用为基准，由国土交通大臣决定。

6.地方公共团体为了东日本大震灾（指二〇一一年三月十一日发生的东北地区太平洋洋面地震及伴随其发生的核电站事故造成的灾害。第十七条第三项及第四项同）中的重大受灾地区的复兴而建设公营住宅等时，若东日本大震灾复兴特别区域法（二〇一一年法律第一百二十二号）第七十八条第三项规定的复兴补贴用于该公营住宅建设等时，该复兴补贴视作基于第一项规定的国家补助，适用于本法律的规定。

（与征借相关的公营住宅等的建设或改良补助）

第九条　事业主体在征借公营住宅时，针对为了以公营住宅形式向低收入者转租而进行必要住宅或其附属设施建设或改良者，可补助其一部分费用。

2.事业主体在征借共同设施时，针对为了公营住宅入住者的共同福利而进行必要共同设施的建设或改良者，可补助其一部分费用。

3.在事业主体根据都道府县规划征借公营住宅的情况下，依据第一项规定发放补助金时，在预算范围内，作为该住宅或其附属设施建设或改良所需费用中的住宅共用部分，针对国土交通省令规定部分的相关费用（以下本条及次条称"住宅共用部分建筑费"），国家补助数额为该事业主体补助额（若该数额超过住宅共用部分建筑费的三分之二，等于其三分之二的数额）乘以二分之一所得数额。

4.在事业主体根据都道府县规划征借共同设施的情况下，据第二项规定发放补助金时，在预算范围内，对该设施建设或改良所需费用之国土交通省令规定设施的相关费用（以下本条称"设施建筑费"），国家可补助该事业主体补助额（若该数额超过设施建筑费的三分之二时，等于该三分之二的数额）乘以二分之一所得数额。

5.关于基于前二项规定的国家补助金额的计算，当住宅共用部分建筑费或设施建筑费分别超过标准住宅共用部分建筑费或标准设施建筑费时，将标准住宅共用部分建筑费作为住宅共用部分建筑费，将标准设施建筑费作为设施建筑费。

6.前项规定的标准住宅共用部分建筑费或标准设施建筑费，分别作为住宅或其附属设施的建设或改良所需费用，或设施建设或改良所需费用，以通常必要费用为基准，由国土交通大臣决定。

（关于灾害时征借的公营住宅建设或改良的国家补助特例）

第十条　在符合第八条第一项各号之一的情况下，事业主体在向为灾害中失去住宅的低收入者转租而征借公营住宅，并进行该征借住宅或其附属设施的建设或改良者发放前条第一项规定的补助金时，不拘于同条第三项的规定，对住宅共用部分建筑费，国家补助该事业主体补助数额（若该数额超过住宅共用部分建筑费五分之四时，等于该五分之四的数额）乘以二分之一所得数额。但在该灾害中失去住宅的户数超过三成

（若第八条第一项或第十七条第二项或第三项规定的国家补助相关公营住宅（除本项正文规定的国家补助相关住宅）中有租借或转租给该灾害中失去住宅的低收入者，须扣除这些户数）时，不受此限。

2. 前条第五项及第六项规定适用于前项规定的国家补助金额的计算。

（国家补助申请及发放手续）

第十一条 事业主体欲依据第七条至前条规定获得国家补助（依据第七条第五项或第八条第六项的规定，除去第七条第一项或第二项或第八条第一项规定的国家补助）时，须依据国土交通省令的规定，向国土交通大臣提交国家补助金发放申请书，并附上事业规划书及工事设计要领书。

2. 国土交通大臣审查前项规定提交的文件，并认为其恰当时，须决定发放国家补助金，并通知该事业主体。

（都道府县的补助）

第十二条 若进行公营住宅整备、共同设施整备或灾害维修的事业主体为市町村时，都道府县可向该事业主体发放补助金。

（对地方债的照顾）

第十三条 关于事业主体为了支付公营住宅建设所需土地等，或为了共同设施建设所需土地等，或为购入公营住宅土地，或为购入共同设施土地所需费用而产生的地方债，在法令范围内，在资金允许的情况下，国家须给予适当照顾。

（农地所有者等租赁住宅建设融资利息补给临时措施法的特例）

第十四条 符合农地所有者等租赁住宅建设融资利息补给临时措施法（一九七一年法律第三十二号）第二条第一项各号之一者，为向低收入者转租公营住宅而建设必要住宅或其附属设施，并向事业主体出租该住宅或其附属设施时，即使该住宅或其附属设施不符合同条第二项规定的特定租赁住宅，若其规模、结构及设备符合国土交通省令规定的标准，且是符合同项第一号所示条件的住宅区的全部或一部分时，可视作同项规定的特定租赁住宅，适用同法规定。

第三章 公营住宅的管理

（管理义务）

第十五条 事业主体须经常留意公营住宅及共同设施状况，进行妥善合理的管理。

（决定租金）

第十六条 公营住宅的月租金，每年度由事业主体按照政令的规定，基于入住者的收入申报，依据该入住者的收入以及该公营住宅的地段条件、规模、建成年数及其他事项决定，且低于附近同类住宅的租金（据次项规定决定的租金。以下同）。但当入住者未作收入申告，且已被要求按第三十四条规定作出申告，而入住者又未予以回应时，该公营住宅的租金为附近同类住宅的租金。

2. 前项附近同类住宅的租金，考虑附近同类住宅（含其地皮）的时价、修缮费、管理事务费等，依据政令的规定，每年度由事业主体决定。

3. 关于第一项规定的入住者的收入申告方法，由国土交通省令规定。

4. 事业主体不拘于第一项规定，若发生生病及其他特别情况，在确有必要时，可减免房租。

5. 关于前项规定的租金相关事项，须在条例中有所规定。

（有关公营住宅租金的国家补助）

第十七条　关于基于第七条第一项或第八条第三项规定接受国家补助建设或购入的公营住宅，或基于都道府县规划征借的公营住宅，事业主体基于前条第一项正文的规定决定房租时，依据政令规定，从该公营住宅开始管理日起算五年以上二十年以内，在政令规定期内、每年度在预算范围内，国家补助该公营住宅附近同类住宅租金额扣除入住者负担基准额所得数再乘以二分之一所得数额。

2. 依据第八条第一项规定的国家补助相关公营住宅或符合同项各号之一的情况时，关于事业主体为了向灾害中失去住宅的低收入者转租而征借的公营住宅，事业主体基于前条第一项正文的规定决定租金时，依据政令规定，从该公营住宅管理日开始，五年以上二十年以内，在政令规定期内，每年度在预算范围内，国家补助为：该公营住宅附近同类住宅的租金额减去入住者负担基本额再乘以三分之二所得数额。但符合第八条第一项各号之一者，事业主体为了向灾害中失去住宅的低收入者转租而征借公营住宅时（除第十条第一项规定的国家补助相关公营住宅），该公营住宅户数超过灾害中失去住宅户数的三成户数（若有基于第八条第一项或第十条第一项规定的国家补助相关公营住宅时，扣除这些户数所得的户数）的部分，不受此限。

3. 基于应对严重灾害的特别财政援助等相关法律（一九六二年法律第一百五十号）第二十二条第一项的规定，或为了向二〇一一年三月十一日居住在东日本大震灾相关同项规定的政令规定区域内的住宅，且因东日本大震灾失去住宅者出租而使用复兴补贴建设或购入的公营住宅，或为向灾害当时居住在同项规定的政令规定区域内的失去住宅的低收入者转租而征借的公营住宅，事业主体依据前条第一项正文的规定决定租金时，不拘于前项规定，依据政令规定，从该公营住宅开始管理日起算五年以上二十年以内的政令规定期内，每年度在预算范围内，从该公营住宅附近同类住宅租金数额中扣除入住者负担基准额，再乘以三分之二（最初五年内为四分之三）所得数额为补助数额。

4. 关于为了向二〇一一年三月十一日东日本大震灾中失去住宅的低收入者转租而征借的公营住宅，地方公共团体依据前条第一项正文的规定决定租金时，发放相当于从该公营住宅附近同类住宅的租金额中扣除入住者负担基准额所得数额的全部或部分的复兴补贴时，将该复兴补贴视作基于第二项规定的国家补助，适用该法律的规定。

5. 前面各项规定的入住者负担基准额，是在综合考虑入住者收入、公营住宅的立地条件及其他事项的基础上，按照国土交通大臣规定的方法，每年度由事业主体决定。

（押金）

第十八条 事业主体可向公营住宅入住者征收相当于三个月房租之金额范围内的押金。

2. 发生生病及其他特别情况时，在有必要的情况下，事业主体可减免押金。

3. 当出现基于第一项规定收取的押金产生利益金时，事业主体须致力于将该利益金用于共同设施整备所需费用方面，以谋求公营住宅入住者的共同福利。

（租金等的延缓征收）

第十九条 发生生病及其他特别情况，在有必要时，事业主体可依据条例规定，延缓征收租金或押金。

（禁止收取租金等以外的钱物）

第二十条 关于公营住宅的使用，事业主体不得向入住者收取租金及押金之外的权力金及其他钱物，不得使入住者负担不当义务。

（修缮义务）

第二十一条 公营住宅的房屋墙壁、基础、地基、柱子、地板、梁、屋顶及楼梯和供水设施、排水设施、电气设施及其他国土交通省令规定的附属设施需要修缮时，事业主体须迅速修缮，但由入住者责任导致的修缮不受此限。

（入住者招募方法）

第二十二条 除在发生灾害、撤除不良住宅、征借公营住宅相关合约的终结、因公营住宅改建事业拆除公营住宅以及其他政令规定的特别事由时，允许特定者入住公营住宅的情况外，事业主体须公开招募公营住宅的入住者。

2. 依据前项的规定公开招募入住者时，须使用报纸、公告等使区域内居民周知的方法进行。

（入住者资格）

第二十三条 公营住宅的入住者至少须具备以下列举条件。

一、其收入符合①或②列举情况时，不超过①或②规定的金额。

① 综合考虑入住者的身心状况或家庭构成、区域内的住宅情况及其他情况，在特别有必要谋求居住安定的情况下，在有条例规定时：入居时的收入上限为政令规定的金额以下，且是事业主体在条例中规定的金额。

② ①所示以外的情况下，为事业主体在条例中规定的金额，该金额参考了为保障

低收入者居住安定而由政令规定的金额，且低于①条例规定的金额。

二、现在明显存在住宅困难。

（入住者资格特例）

第二十四条　由于公营住宅的征借合约结束，或基于第四十四条第三项规定的公营住宅用途的废止而欲搬出该公营住宅的入住者，若该搬出者申请入住其他公营住宅时，将此人视作具备前条各号所示条件者。

2. 基于第八条第一项或第三项或为应对重大灾害的特别财政援助等相关法律第二十二条第一项规定的国家补助相关公营住宅，或符合第八条第一项各号之一时，事业主体为了向灾害中失去住宅的低收入者转租而征借的公营住宅的入住者，除具备前条各号所示条件外，须是该灾害发生日起三年间灾害中失去住宅者。

（入住者的选拔等）

第二十五条　在入住申请者超过应入住公营住宅户数的情况下，事业主体长官须调查住宅困难的实际情况，按照政令制定的选拔标准，依据条例规定，使用公正的方法进行选拔，以决定该公营住宅的入住者。

2. 事业主体长官决定了征借公营住宅的入住者后，须通知该入住者在该公营住宅征借期届满时，须交出该公营住宅。

第二十六条　删除

（入住者的保管义务等）

第二十七条　公营住宅的入住者须爱护该公营住宅或共同设施，保持其处于正常状态。

2. 公营住宅的入住者不得将该公营住宅借与他人，或将其入居权力转让与他人。

3. 公营住宅的入住者不得变更该公营住宅的用途，但获得事业主体认可时，可与其他用途并用。

4. 公营住宅的入住者不得改变该公营住宅的装修或增建，但获得事业主体的认可时，不受此限。

5. 公营住宅的入住者入住该公营住宅时，欲与同住亲属（含未提交结婚申请，但与事实婚姻同样情况者及其他婚约者）以外人物同住时，依据国土交通省令的规定，须获得事业主体的认可。

6. 当公营住宅的入住者死亡或离开时，在其死亡时或离开时的同住者，依据国土交通省令的规定，在获得事业主体认可后，可继续居住在该公营住宅。

（对于收入超过者的措施等）

第二十八条　公营住宅的入住者在该公营住宅持续居住三年以上，当收入超过政令规定的基准时，须尽力交出该公营住宅。

2. 当公营住宅的入住者符合前项规定，继续入住该公营住宅时，不拘于第十六条第一项的规定，事业主体每年度基于入住者的收入申告，综合考虑该入住者的收入，并在附近同类住宅的租金以下，依据政令规定，决定该公营住宅的每月租金。

3. 第十六条第三项至第五项及第十九条的规定适用于前项规定的公营住宅的房租。

第二十九条 公营住宅的入住者在该公营住宅持续居住五年以上，最近两年连续超过政令规定的标准获取高额收入时，对该入住者，事业主体可确定期限要求其交出该公营住宅。

2. 前项政令规定的标准，须大幅超过前条第一项政令规定的标准。

3. 第一项期限须是基于同项规定的要求之日的翌日开始起算六个月后的日子。

4. 基于第一项规定的被要求者，须在同项期限到来时，迅速交出该公营住宅。

5. 在公营住宅的入住者符合第一项规定的情况下，继续入居该公营住宅时，不拘于第十六条第一项及前条第二项的规定，该公营住宅的每月租金定为附近同类住宅的租金。

6. 基于第一项规定的被要求者在同项期限到来时，亦不交出公营住宅时，从同项期限日起至交出该公营住宅日期间，事业主体每月可收取等同于附近同类住宅二倍租金以下的租金。

7. 基于第一项规定的被要求者出现生病及其他条例规定的特殊情况时，若此人提交申请，事业主体可延长同项期限。

8. 第十六条第四项及第五项及第十九项的规定适用于第五项规定的房租或第六项规定的租金。

第三十条 公营住宅的入住者在该公营住宅持续入居三年以上，且其收入超过第二十八条第一项政令规定的基准，在有必要时，事业主体为了使此人能够入住其他合适住宅进行斡旋等。在此情况下，若该公营住宅的入住者希望入住公营住宅之外的其他公共资金建设的住宅时，须尽力为其提供方便。

2. 在前项情况下，公共租赁住宅（指地方公共团体、独立行政法人都市再生机构或地方住宅供给公社配置的租赁住宅。第三十六条同）的管理者须协助事业主体实施相关举措。

第三十一条 事业主体安排基于第二十四条第一项规定提交申请者入住其他公营住宅时，适用前三条规定，此人入住征借公营住宅契约到期或基于第四十四条第三项规定废止公营住宅用途而须交出公营住宅的时间，与此人交出后入住的其他公营住宅的时间合算。

2. 事业主体安排基于第四十条第一项规定按照同项规定提交申请者入住因公营住宅改建事业重新配置的公营住宅时，适用前三条规定，此人入住因公营住宅改建事业应拆除的公营住宅时间，与此人入居该重新配置的公营住宅时间合算。

（交出公营住宅）

第三十二条　符合以下各号之一时，事业主体可向入住者提出交出公营住宅的要求。

一、入住者通过不正当行为入住时。

二、入住者滞纳三个月以上房租时。

三、入住者故意损毁公营住宅或共同设施时。

四、入住者违反第二十七条第一项至第五项规定时。

五、入住者违反基于第四十八条的条例时。

六、公营住宅的征借期届满时。

2. 公营住宅的入住者在收到前项要求时须尽快交出该公营住宅。

3. 因符合第一项第一号规定而执行同项要求时，事业主体可对该被要求者征收入住日至要求日期间，附近同类住宅的租金额和迄今所付租金额的差额加上每年百分之五的相关利息；要求日的翌日至交出该公营住宅日期间，事业主体可征收附近同类住宅租金的二倍以下的金额。

4. 前项规定不妨碍因符合第一项第二号至第五号规定，事业主体向该入住者提出损害赔偿的要求。

5. 事业主体因符合第一项第六号规定执行同项要求时，须在执行该要求日的六个月前通知该入住者。

6. 征借公营住宅的合同结束时，事业主体可代替该公营住宅的出租者，向入住者转达借地借家法（一九九一年法律第九十号）第三十四条第一项的通知。

（公营住宅监督管理员）

第三十三条　为了给予入住者必要的指导以维持公营住宅及其环境的良好状态，事业主体可设置公营住宅监督管理员，担任公营住宅及共同设施的管理相关事务。

2. 公营住宅监督管理员由事业主体长官在其职员中任命。

（收入状况报告要求等）

第三十四条　事业主体长官在基于第十六条第一项或第二十八条第二项规定决定租金，或基于第十六条第四项（含适用于第二十八条第三项或第二十九条第八项的情况）规定减免租金或税费，基于第十八条第二项规定减免押金、基于第十九条（含适用于第二十八条第三项或第二十九条第八项的情况）规定缓期征收租金、押金或税费、基于第二十九条第一项规定的交出要求、基于第三十条第一项规定的斡旋等或基于第四十条规定的入居公营住宅的相关措施，在有必要的情况下，关于公营住宅入住者的收入状况，可要求该入住者或其雇主、其客户及其他相关人员提供报告，或要求政府机关提供必要文件的阅览，或要求记录相关内容。

第四章　公营住宅改建事业

（公营住宅改建事业的施行）

第三十五条　为了促进公营住宅整备或公营住宅居住环境整备，在有必要时，地方公共团体须努力实施公营住宅改建事业。

（公营住宅改建事业实施要点）

第三十六条　符合以下所示要点时，可施行公营住宅改建事业。

一、因公营住宅改建事业需拆除的公营住宅，位于市街地区域或即将市街化的区域内，且集中存在于超过政令规定规模的一片土地上。

二、因公营住宅改建事业需拆除的大部分公营住宅，超过了第四十四条第一项的耐用年限的二分之一，或其大部分功能因灾害及其他理由发生了相当程度的下降。

三、因公营住宅改建事业，应重新整备的公营住宅户数超过需拆除公营住宅的户数，但关于该土地区域里的道路、公园及其他都市设施的城市规划已制定的情况下，在该区域内重新整备基于社会福利法（一九五一年法律第四十五号）第六十二条第一项规定的社会福利设施或公共租赁住宅，或出现其他特别情况时，该应拆除的公营住宅中，提交次条第一项的许可申请日里，超过存在入住者的公营住宅户数即符合。

四、因公营住宅改建事业而重新整备的公营住宅须是具有耐火性能结构的公营住宅。

（改建规划）

第三十七条　事业主体欲实施公营住宅改建事业时，应预先制定公营住宅改建事业相关规划（以下称"改建规划"），关于因改建事业需拆除之公营住宅或共同设施的用途废止事宜，须获得国土交通大臣的承认。

2. 改建规划须规定以下事项。

一、因公营住宅改建事业需拆除公营住宅户数及因该事业需重新整备的公营住宅户数。

二、因公营住宅改建事业需拆除的公营住宅中，在提出前项许可申请日，存在入住者的公营住宅户数。

3. 除前项各号所示内容外，改建规划须尽量决定以下事项。

一、实施公营住宅改建事业的土地面积。

二、因公营住宅改建事业需重新整备的公营住宅的结构。

4. 改建规划须考虑土地的妥善合理利用。

5. 基于第一项的规定，市町村在请求国土交通大臣的认可时，须经由都道府县知事。

6. 事业主体基于第一项规定获得国土交通大臣的认可后，依据国土交通省令的规定，对于因公营住宅改建事业而需拆除的该用途废止公营住宅的入住者（只限于获得此承认的当日），须通知其该主旨。

7. 前各项规定适用于改建规划的变更（除国土交通省令规定的轻微变更）。在该情况下，基于前项规定的有关该变更事项的通知，仅限于因该变更成为需拆除公营住宅的入住者及不需拆除公营住宅的入住者。

（公营住宅的交出要求）

第三十八条　在公营住宅改建事业的实施中，为了拆除现存公营住宅，在有必要时，事业主体在依据前条第六项（含适用于同条第七项的情况）进行通知后，可确定期限要求该公营住宅的入住者交出相关住宅。

2. 前项期限须是依据同项规定的要求日的翌日开始起算经过三个月后的日子。

3. 基于第一项规定的被要求者，在同项期限到期时，须尽快交出该公营住宅。

（临时居住的提供）

第三十九条　事业主体须向基于前条第一项规定的被要求的公营住宅入住者提供必要的临时住宅。

（入住新整备公营住宅）

第四十条　因公营住宅改建事业需拆除的公营住宅的拆除前的最终入住者（依据关于该事业的公营住宅用途废止的第三十七条第一项（含适用于同条第七项的情况）的规定，获得国土交通大臣认可之日的入住者，仅限于因该事业的实施而要交出该公营住宅者。以下同），在三十日以下的范围内，在事业主体规定的期间内，提出了希望入住该事业相关新整备公营住宅者，事业主体须让其入住该公营住宅。在此情况下，此人不适用第二十三条及第二十四条第二项的规定。

2. 前项期限确定后，事业主体须通知该入住者。

3. 对于提交第一项规定的申请者，事业主体须留出相当的延缓期间，确定此人可以入住公营住宅的时期，并通知其在此期间内入住该公营住宅。

4. 对于无正当理由，却未在据前项规定通知的可入住期内入住该公营住宅者，不拘于第一项的规定，事业主体可拒绝其入住该公营住宅。

（举办说明会等）

第四十一条　关于公营住宅改建事业的施行，通过举办说明会等，事业主体须努力获得因该事业需拆除公营住宅入住者的协作。

（搬家费的支付）

第四十二条　因公营住宅改建事业需拆除公营住宅的拆除前的最终入住者，由于该事业的实施而需搬家时，依据国土交通省令的规定，事业主体须向此人支付通常必要的搬家费。

（公营住宅改建事业相关房租特例）

第四十三条　事业主体基于第四十条第一项的规定，让公营住宅的入住者入住新整备的公营住宅时，若新入住公营住宅的房租超过之前公营住宅的最终房租，为了该入住者的居住安定，在有必要的情况下，可不拘于第十六条第一项规定、第二十八条第二项规定或第二十九条第五项规定，依据政令的规定，降低该入住者的房租。

2.第十六条第五项规定适用于基于前项规定的房租减额。

第五章　补充规则

（公营住宅或共同设施的处理）

第四十四条　依据政令规定，公营住宅或共同设施经过耐用年限四分之一时，在出现特别事由的情况下，在获得国土交通大臣的认可后，事业主体可将该公营住宅或共同设施（含其土地）转让给入住者、入住者组织的团体或不以营利为目的的法人。

2.据前项规定的转让对价，据政令的规定，须用于公营住宅整备或共同设施整备或相关修缮或改良所需费用。

3.因灾害或其他特别事由，导致公营住宅或共同设施不适合继续管理下去时，事业主体获得国土交通大臣的认可后，考虑公营住宅或共同设施的耐用年限，若超过了国土交通大臣规定的期限，或基于第三十七条第一项（含适用于同条第七项的情况）规定，获得了国土交通大臣的认可时，可废止公营住宅或共同设施的用途。

4.事业主体基于前项规定的因公营住宅用途废止拆除公营住宅，随之使该公营住宅的入住者入住其他公营住宅时，若新入住公营住宅的房租超过了之前公营住宅的最终房租，为了该入住者的居住安定，在有必要时，不拘于第十六条第一项、第二十八条第二项或第二十九条第五项的规定，依据政令的规定，可降低该入住者的房租。

5.第十六条第五项的规定适用于前项规定的房租减额。

6.依据第一项或第三项的规定，市町村请求国土交通大臣的认可时，须经由都道府县知事。

（社会福利法人等的公营住宅使用等）

第四十五条　事业主体认为有必要将公营住宅给社会福利法第二条第一项规定的社会福利事业及其他以社会福利为目的的事业中的从事厚生劳动省令、国土交通省令规定事业的同法第二十二条规定的社会福利法人及其他厚生劳动省令、国土交通省令规定者（以下本项称"社会福利法人等"）作为住宅使用时，在获得国土交通大臣的认可后，在不阻碍公营住宅妥善合理的管理范围内，可将该公营住宅给社会福利法人等使用。

2.因促进特定优良租赁住宅供给相关法律（一九九三年法律第五十二号）第六条规定的特定优良租赁住宅及其他供给同法第三条第四号①或②所示人物居住的租赁住宅不足及其他特别事由，在有必要将公营住宅给同号①或②所示人物使用的情况下，事业主体得到国土交通大臣的认可后，在不阻碍公营住宅妥善合理管理的范围内，可将公营住宅给这些人物使用。在此情况下，事业主体须按照同法第十八条第二项国土交通省令制定的基准管理公营住宅。

3.基于第二项的规定，市町村请求国土交通大臣的认可时，须经由都道府县知事。

4.基于第一项或第二项规定的公营住宅的使用相关事项须用条例进行规定。

（事业主体的变更）

第四十六条 若事业主体认为不再适宜持续管理其所管理的公营住宅或共同设施时，在获得国土交通大臣的许可后，可将此作为公营住宅或共同设施转让给其他地方公共团体。

2.基于前项的规定，市町村在请求国土交通大臣的认可时，须经由都道府县知事。

（管理特例）

第四十七条 以下各号所示地方公共团体或地方住宅供给公社，为了将该各号规定的公营住宅或共同设施作为一片住宅设施进行妥善有效的管理，若该地方公共团体或地方住宅供给公社将其与其管理的住宅及其他设施进行一体化管理时，或认为该公营住宅或共同设施管理适宜时，在获得管理该公营住宅或共同设施事业主体的同意后，可代替其事业主体，对该公营住宅或共同设施实施基于第三章规定的管理（不含决定房租及要求、征收和减免房租、押金及其他资金。以下本条同）。

一、都道府县在该都道府县区域内,其他地方公共团体管理的公营住宅或共同设施。

二、市町村在该市町村区域内，其他地方公共团体管理的公营住宅或共同设施。

三、都道府县设立的地方住宅供给公社在该都道府县区域内，都道府县或市町村管理的公营住宅或共同设施。

四、市町村设立的地方住宅供给公社在该市町村区域内，市町村或都道府县管理的公营住宅或共同设施。

2.前项地方公共团体或地方住宅供给公社，基于同项规定，欲管理公营住宅或共同设施时，须预先按照国土交通省令的规定公告其主旨。

3.第一项的公共团体或地方住宅供给公社，基于同项规定，管理公营住宅或共同设施时，代替该公营住宅或共同设施的事业主体行使以下所示的权限。

一、据第二十二条第一项规定，使特定者入住公营住宅，或招募入住者。

二、据第二十五条第一项规定，调查实情，或决定入住者，或据同条第二项规定通知入住者。

三、认可据第二十七条第三项至第六项规定的入住者或同住者。

四、据第二十九条第一项的规定，要求入住者交出住宅；或据同条第七项的规定延长期限。

五、据第三十条第一项规定进行斡旋等。

六、据第三十二条第一项规定要求入住者交出住宅；或依据同条第五项或第六项规定，通知入住者。

七、据第三十三条第一项规定，设置公营住宅监督管理员；或据同条第二项规定，任命公营住宅监督管理员。

八、关于据第二十四条规定的第二十九条第一项规定的交出要求，或第三十条第一项规定的斡旋等，要求入住者报告收入状况，或要求阅览相关文件，或要求记录其内容。

4.第一项的地方公共团体或地方住宅供给公社，行使前项第一号（仅限于特定者入住部分）、第二号（仅限于决定入住者部分）、第四号或第六号（仅限于要求交出住宅部分）所示权限时，须迅速通知事业主体其主旨。

5.据第一项的规定，关于地方公共团体或地方住宅供给公社管理公营住宅或共同设施所需费用的负担，事业主体须与该地方公共团体或地方住宅供给公社协议决定。

6.据第一项的规定，关于地方公共团体或地方住宅供给公社管理公营住宅或共同设施时的第三章规定的适用，除第十五条中的"事业主体"换读为"事业主体及地方公共团体或地方住宅供给公社"；第二十五条第一项中的"事业主体长官"换读为"地方公共团体长或地方住宅供给公社理事长"。其他必要的技术性换读，由政令规定。

（管理相关条例的制定）

第四十八条 除了该法律的规定外，关于公营住宅及共同设施的管理，事业主体须通过条例制定必要事项。

（国土交通大臣及都道府县知事的指导监督）

第四十九条 国土交通大臣及都道府县知事可让事业主体对公营住宅整备、共同设施整备及相关管理及基于灾害的维修进行报告，或指定职员对相关建筑物或文件进行实地检查。

2 关于前项实地检查，在进入正供他人居住的公营住宅时，须提前征得该公营住宅入住者的许可。

3.担任第一项规定的实地检查工作的职员，须携带证明身份的证件，在相关人员要求时出示证件。

4.在第一项情况下，都道府县知事须将报告征收或实地检查结果汇报给国土交通大臣。

（补助金返还等）

第五十条 事业主体进行公营住宅整备、共同设施整备或其相关管理或基于灾害的维修时，若存在违反该法律或基于该法律的命令时，对该事业主体，国土交通大臣可命令不发放全部或部分国家补助金，或停止发放国家补助金，或要求其返还已发放的全部或部分国家补助金。

（协议）

第五十一条　国土交通大臣，对公营住宅（除第八条、第十条及第十七条第二项及第三项规定者外）进行如下所示的相关处理时，须预先与厚生劳动大臣进行协议。

一、第十一条第二项规定的国家补助金的发放决定。

二、第四十四条第一项规定的转让认可或同条第三项规定的用途废止认可。

三、第四十六条第一项规定的转让认可。

（权限的委任）

第五十二条　该法律规定的国土交通大臣的权限，据国土交通省令的规定，可部分委任给地方整备局长或北海道开发局长。

（政令委任）

第五十三条　除该法律规定的内容外，该法律实施的必要事项由政令决定。

（事务分类）

第五十四条　据第三十七条第五项（含适用于同条第七项的情况）、第四十四条第六项、第四十五条第三项及第四十六条第二项规定，都道府县处理的事务为地方自治法（一九四七年法律第六十七号）第二条第九项第一号规定的第一号法定受托事务。

附则（略）

第五节　日本住宅公团法 ❶

第一章　总则

（目的）

第一条　日本住宅公团的目的是，在住宅严重不足的地区为住房困难的劳动者提供大规模带有耐火性能的集团住宅及宅地，并为建造健全的新市街地进行土地规划整理事业，以此为国民生活的安定和社会福祉的推进作贡献。

（法人格）

第二条　日本住宅公团（以下称"公团"）是法人。

（事务所）

第三条　公团将主要事务所设在东京。

2.公团可以在必要地区设置从属事务所。

（资本金）

---

❶ 立法文号为一九五五年七月八日法律第五十三号。

第四条　公团资本金是六十亿日元和公团设立时地方公共团体出资额的合计额。

2. 政府在公团设立时出资前项六十亿日元。

3. 如有需要，公团可在获得建设大臣的认可后增加资本金。

4. 政府及地方公共团体可通过前项规定在公团增加资本金时向公团出资。

5. 政府及地方公共团体在向公团出资时，可用土地或建筑物以及其他土地的固定物（以下本条称"土地等"）达到出资目的。

6. 通过前项规定达到出资目的的土地等的价额，以评价委员依据出资日当时的时价为基准评价出的价额为准。

7. 前项中规定的评价委员及其他有关评价的必要事项由政令决定。

（章程）

第五条　公团必须依据章程规定如下事项。

一、目的。

二、名称。

三、事务所的所在地。

四、关于资本金及资产的事项。

五、关于管理委员会及其委员的事项。

六、关于干部的事项。

七、关于业务及其执行的事项。

八、关于发行住宅债券的事项。

九、关于会计的事项。

十、关于公告的事项。

2. 章程的变更必须得到建设大臣的许可才能生效。

（注册）

第六条　公团必须按照政令的规定进行注册。

2. 必须按照前项规定注册的事项，如未注册则不能以此来对抗第三者。

3. 注册了的事项，必须及时到注册所进行公告。

（解散）

第七条　有关公团解散的事项除以下规定外，其余由法律规定。

2. 公团解散时如有剩余财产，这部分财产必须依据出资额分配给公团出资者。

（名称使用的限制）

第八条　非公团者不可使用日本住宅公团这一名称或与此类似的名称。

（民法的适用）

第九条　公团适用民法（一八九六年法律第八十九号）第四十四条、第五十条及第五十四条的规定。

第二章 管理委员会

（设置）

第十条 公团设管理委员会（以下本章称"委员会"）。

（权限）

第十一条 下述事项必须经过委员会的决议。

一、章程的变更。

二、预算、事业计划及资金计划。

三、决算。

（组织）

第十二条 委员会由委员五人及公团总裁组成。

2.委员会设委员长一人，由委员互选任命。

3.委员长总理委员会会务。

4.委员会须事先从委员中选定一个人，委员长因故有事时代理行使委员长的职务。

（委员的任命）

第十三条 委员由建设大臣任命。这种情况下，委员之中的两人必须从向公团出资的地方公共团体长们共同推荐的人选中任命。

（委员的任期）

第十四条 委员的任期为两年。不过，补任委员的任期为前任者的剩余任期。

2.委员可以连任。

（不符合委员资格条项）

第十五条 属于以下各号（项）之一者不可担任委员。

一、国务大臣、国会议员、政府职员（人事院指定的非常勤者除外）或地方公共团体议会的议员。

二、政党的干部。

三、从事物品制造、贩卖、工程承包，且与公团在业务方面有密切利害关系者，或这些人为法人时（不论何种名称，包括拥有与此同等以上职权或支配力者）的干部。

四、前号所示事业者团体的干部（不论何种名称，包括拥有与此同等以上职权或支配力者）

五、公团的干部或职员

（委员的免职）

第十六条 建设大臣在委员符合前条各号之一的情况下，必须免去其委员职务。

2.建设大臣在委员符合以下各号之一或认定其不适合委员职务时,可以解任该委员。

一、认定其因身心故障无法胜任职务时。

二、违反职务上的义务时。

（委员的报酬）

第十七条 委员不领取报酬，但领取旅费或其他因履行职务而产生费用。

（决议方法）

第十八条 委员会除了委员长或第十二条第四项规定的代理委员长外，还须有委员及总裁中的两人以上出席，否则不能开会并进行决议。

2.委员会的议事由出席者半数以上决定。在可否数相同时，由委员长决定。

3.委员会可以让公团的干部或职员出席会议，并要求必要的说明。

（委员的公务员性质）

第十九条 委员在适用刑法（一九〇七年法律第四十五号）或其他罚则时，依据法令，视作从事公务的职员。

第三章 干部及职员

（干部）

第二十条 公团中干部的设置为总裁一人、副总裁一人、理事五人以上及监事三人以上。

（干部的职务及权限）

第二十一条 总裁代表公团总理其业务。

2.副总裁依据章程的规定，代表公团辅佐总裁掌管公团业务，在总裁发生事由时代理其职务，总裁空缺时执行其职务。

3.理事依据章程的规定，代表公团辅佐总裁及副总裁掌管公团业务，在总裁及副总裁发生事由时代理其职务，在总裁及副总裁空缺时执行其职务。

4.监事负责监察公团的业务。

（干部的任命）

第二十二条 总裁及监事由建设大臣任命。

2.副总裁及理事由总裁获得建设大臣的认可后任命。

（干部的任期）

第二十三条 干部的任期为四年，但补任干部的任期为前任者的剩余任期。

2.干部可以连任。

（不符合干部资格的条项）

第二十四条 属于第十五条第一号到第四号其中之一者不能成为干部。

（干部的解任）

第二十五条 当所任命的相关干部符合第十五条第一号到第四号的其中之一时，

建设大臣或总裁必须解除该干部的职务。

2.当所任命的干部符合第十六条第二项各号之一者，或认定其不适合做干部时，建设大臣或总裁可以解除该干部的职务。

3.总裁依据前项规定欲解除所任命干部的职务时，必须事先获得建设大臣的认可。

（干部的兼职禁止）

第二十六条　干部不得成为以营利为目的的团体的干部，或自己从事营利事业。

（代表权的限制）

第二十七条　若公团与总裁、副总裁或理事之间的利益发生冲突时，这三者不具有代表权。在这种情况下，由监事代表公团。

（代理人的选任）

第二十八条　总裁、副总裁及理事可以从公团职员中选任对一部分公团业务拥有一切裁判上或裁判外行为权限的代理人。

（职员的任命）

第二十九条　公团的职员由总裁任命。

（干部及职员的公务员性质）

第三十条　第十九条的规定适用于干部及职员。

第四章　业务

（业务的范围）

第三十一条　公团为达成第一条的目的进行以下业务。

一、进行住宅的建设、租赁及其他管理和转让。

二、进行宅地的建造、租赁及其他管理和转让。

三、建设、租赁、管理及转让公团所租赁或转让住宅及谋求公团所租赁或转让宅地上建筑的住宅之居住者便利的设施（以下本章称"设施"）。

四、进行前三号所示业务的附带业务。

五、实施土地规划整理事业。

六、在保证顺利完成前五号业务的情况下，通过委托，进行住宅建设及租赁和其他管理、宅地的建造及租赁和其他管理，并进行设施的建设及租赁和其他管理。

（住宅建设等的基准）

第三十二条　公团在进行住宅建设、租赁、其他管理及转让，宅地建造、租赁、其他管理及转让，设施的建设、租赁、其他管理及转让时，必须依照建设省令规定的基准进行。

（业务方法书）

第三十三条　公团在业务开始时，必须制定业务方法书并获得建设大臣的认可。

欲变更业务时也需要同样的操作。

2. 前项业务方法书的记载事项由建设省令规定。

（听取地方公共团体长的意见）

第三十四条 公团在进行住宅建设或宅地建造时，对该住宅的建设计划或宅地建造计划，必须事先听取要建设住宅或建造宅地所属区域的地方公共团体长的意见。

第五章 土地规划整理事业

（土地规划整理事业的实施）

第三十五条 关于公团依据土地规划整理法（一九五四年法律第一百一十九号）第三条之二第一项的规定实施的土地规划整理事业（以下除第三十九条、第四十二条及第四十三条，本章称"土地规划整理事业"）参照同法及本章的规定。

（实施规程及事业计划）

第三十六条 公团要实施土地规划整理事业时，必须制定实施规程及事业计划，并得到建设大臣的认可。

2. 公团要申请前项规定的认可时，必须在认可申请书中添加记载了依据第四项规定听取的地方公共团体长之意见的文件。

3. 土地规划整理法第五十三条第二项的规定适用于第一项的实施规程，同法第六条的规定适用于同项事业计划。

4. 公团要制定第一项的事业计划时，对该事业计划必须事先听取包含相关实施地区区域内的地方公共团体长的意见。

5. 建设大臣在接到第一项规定的认可申请后，须向公众提供为期两周的实施规程及事业计划的公示。

6. 利害关系者若对依据前项规定进行公示的实施规程及事业计划持有意见，可在公示期内向建设大臣提交意见书。

7. 建设大臣在接到依据前项规定提交的意见书后，须对其内容进行审查。如认定该意见书中的相关意见应该采纳时，则须命令公团应对实施规程及事业计划进行必要的修正。如认定不应采纳该意见书中的相关意见时，则须将此意向通知给意见书的提交者。这种情况下，当建设大臣审查意见书内容时，必须听取包含相关实施地区的都道府县区域中设立的城市规划审议会的意见。

8. 公团依据前项规定对实施规程及事业计划进行必要的修正时，对其相关修正部分，还应履行第五项至本项的规定手续。

9. 建设大臣在进行了第一项规定的认可时，须迅速公告建设省令决定的事项。

10. 公团在前项公告前，不能以实施规程及事业计划对抗第三者。

11. 公团欲变更第一项实施规程或事业计划时，须得到建设大臣的认可。

12. 第二项规定适用于前项规定的欲申请认可的情况，第四项到第八项的规定适用于欲变更第一项实施规程或事业计划的情况（不包含欲实施政令认定的轻微变更），第九项及第十项规定适用于依据前项规定进行认可后的公告情况。

（土地规划整理审议会）

第三十七条　公团每实施一项土地规划整理事业，均须在公团设置土地规划整理审议会（以下本条称"审议会"）。

2. 实施地区按工区划分时，前项规定的审议会可以按每个工区设置。

3. 土地规划整理法第五十六条第三项和第四项以及同法第五十七条到第六十四条的规定，适用于依据前两项规定设置的审议会。在此情况下，同法第五十八条第三项、第七项和第八项以及同法第六十二条第一项之"都道府县知事或市町村长"换读为"日本住宅公团总裁"、同法第六十四条之"都道府县或市町村"换读为"日本住宅公团"。

4. 第十九条的规定适用于审议会委员。

（评价员）

第三十八条　土地规划整理法第六十五条的规定适用于公团实施的土地规划整理事业。在此情况下，同条第一项之"都道府县知事或市町村长"可以换读为"日本住宅公团总裁"、同条第一项及第三项之"都道府县或市町村"可换读为"日本住宅公团"。

2. 第十九条的规定适用于前项适用的依据土地规划整理法第六十五条第一项规定选任的评价员。

（关于请求技术性援助）

第三十九条　公团为准备或实施依据土地规划整理法第三条之二的第一项规定实施的土地规划整理事业，可向建设大臣、都道府县知事及市町村长请求对土地规划整理事业具备专业知识的职员的技术性援助。

（费用的负担）

第四十条　公团实施土地规划整理事业所需的费用由公团负担。

2. 公团可以对因公团实施土地规划整理事业而受益的地方公共团体依据其受益的程度，向其要求负担此土地规划整理事业所需费用的一部分。

3. 在前项情况下，地方公共团体负担的费用额及负担方法由公团和地方公共团体协议决定。

4. 当前项协议不成立时，建设大臣依据当事者的申请进行裁定。此种情况下，建设大臣必须听取当事者的意见。

5. 地方公共团体可以依据政令的规定，用该地方公共团体发行的地方债券缴纳第三项或前项规定的负担金。

（请愿）

第四十一条　对公团或行政厅依据土地规划整理法或本章规定对公团的实施土地规划整理事业作出的法律处置不服者，可在该法律处置日的一个月内向建设大臣提出请愿。

（土地规划整理法的适用）

第四十二条　对于公团依据土地规划整理法第三条之二的第一项规定实施的土地规划整理事业，可以认为公团欲依据同法第三条第四项的规定实施土地规划整理事业，或将公团看作是实施的市町村长，将该土地规划整理事业看作是市町村长依据同法同条同项的规定实施的土地规划整理事业，从而适用同法第七十二条第一项前段及第二项到第七项、第七十三条、第七十四条、第七十六条到第八十四条、第八十五条第一项及第三项到第五项、第八十六条、第八十七条、第八十八条第二项到第七项、第八十九条到第九十五条、第九十六条第二项及第三项、第九十七条第一项及第三项、第九十八条到第一百零七条、第一百零八条第一项前段、第一百零九条、第一百一十条第一项到第四项、第一百一十一条到第一百一十七条、第一百二十条、第一百二十八条到第一百三十五条及一百三十九条到一百四十二条的规定。不过，依据土地规划整理法第七十三条第一项、第七十八条第一项及第一百零一条第一项到第三项中规定的损失补偿由公团履行，依据同法第九十六条第二项的规定在换地计划中制定的保留地在同法第一百零三条第四项的公告发出的翌日由公团取得。

（都道府县知事或市町村长实施土地规划整理事业的费用负担）

第四十三条　公团对都道府县知事或市町村长依据土地规划整理法第三条第四项前段的规定实施的土地规划整理事业中，建设大臣认可是对公团进行的住宅建设或宅地建造有必要的部分，负担该土地规划整理事业所需费用的全部或一部分。

2. 在前项情况下，公团负担的费用额及负担方法由公团与该都道府县或市町村协议决定。

3. 第四十条第四项的规定对前项协议不成立时适用。

4. 土地规划整理法第一百一十八条第三项的规定不适用于在都道府县知事或市町村长依据同法第三条第四项前段的规定实施的土地规划整理事业中公团依据第一项对其费用进行全部或一部分负担的规定。

第六章　财务及会计

（事业年度）

第四十四条　公团的事业年度从每年的四月一日开始，到翌年的三月三十一日结束。

（预算等的认可）

第四十五条　公团必须在每个事业年度制定预算、事业计划及资金计划，并在事业年度开始前获得建设大臣的认可。欲变更时也需要同样的操作。

2. 公团在依据前项规定获得了建设大臣的认可时，必须向对公团出资的地方公共团体提交关于预算、事业计划及资金计划的文件。

（决算）

第四十六条　公团必须在下一年度七月三十一日前结束每个事业年度的决算。

（财务诸表）

第四十七条　公团必须在每个事业年度制作财产目录、贷借对照表及盈亏计算书（以下本条称"财务诸表"），且在决算结束后的两个月内向建设大臣提交并获其同意。

2. 公团在依据前项规定向建设大臣提交财务诸表时，须在其中附上依据预算分类制作的该事业年度的决算报告书及有关财务诸表和决算报告书的监事意见。

3. 公团在依据第一项规定获得建设大臣的同意后，须及时将财务诸表在官报上公告并向各事务所报备。

4. 公团在依据第一项规定获得建设大臣的同意后，须向对公团出资的地方公共团体提交财务诸表及决算报告书。

（利益及损失处理）

第四十八条　公团在每事业年度的经营上出现盈利时，须填补上一事业年度结转的损失。出现余额时，也须将此余额作为储备金处理。

2. 公团在每事业年度的经营上出现损失时，要削减前项规定中的储备金来应对。当储备金不足时，须将不足金额作为结转亏损金处理。

（借入金及住宅债券）

第四十九条　公团可以获得建设大臣的认可，进行长期借入资金、短期借入资金或发行住宅债券。

2. 前项规定中的短期借入资金须在该事业年度内归还，但当因资金不足无法归还时，仅限于无法归还金额可以获得建设大臣的认可进行借款转期。

3. 前项但书规定的借款转期的短期借入资金必须在一年内归还。

4. 第一项规定中的住宅债券的债权者对公团财产拥有优先于其他债权者接收自己债权偿还的权利。

5. 前项先取特权的次序排在民法规定中的一般先取特权后。

6. 公团可以在获得建设大臣的认可后，将住宅债券发行的全部或一部分事务委托给银行或信托公司。

7. 对前项规定中受到委托的银行或信托公司，适用商法（一八九九年法律第四十八号）第三百零九条到第三百一十一条的规定。

8. 除第一项及第四项到第六项的规定外，有关住宅债券的必要事项由政令决定。

（来自政府的贷款等）

第五十条 政府可以对公团进行长期或短期的资金贷款或认购住宅债券。

（债务保证）

第五十一条 政府可以不拘于对法人实施有关政府财政援助限制法律（一九四六年法律第二十四号）第三条的规定，而在经国会决议的金额范围内，对公团的债务进行保证契约。

（偿还计划）

第五十二条 公团须在每事业年度制定长期借入资金及住宅债券的偿还计划并获得建设大臣的认可。

（富余资金的运用）

第五十三条 公团除下述的方法场合外，不得使用业务上的富余资金。

一、取得国债或其他建设大臣指定的有价证券。

二、存入银行的存款或邮政储蓄。

（工资及退职补贴的支付基准）

第五十四条 公团在制定对其干部及职员的工资及退职补贴的支付基准或要进行变更时，须获得建设大臣的同意。

（对建设省令的委任）

第五十五条 除此法律及基于此法律的政令中的规定外，有关公团财务及会计的必要事项由建设省令制定。

第七章 监督

（监督）

第五十六条 公团由建设大臣监督。

2. 当建设大臣认定为了实施本法律而有必要时，可以对公团就相关业务发出监督上的必要命令。

第五十七条 当建设大臣认为有必要时，可以让公团就业务及资产状况进行汇报，或让其职员前往公团事务所检查业务状况或账簿、文件及其他必要物件等。

2. 在职员按前项规定进行检查时，必须携带身份证明并向相关人员出示。

3. 第一项中规定的检查权限不可理解为与犯罪搜查等同。

第八章 补充规则

（建筑基准法等的适用）

第五十八条 公团对建筑基准法（一九五〇年法律第二百零一号）第十八条及宅地建筑交易业法第二十三条规定的适用与国家等同。

（抚恤金）

第五十九条 抚恤法（一九二三年法律第四十八号）第十九条中规定的公务员（以下本条称"公务员"）或同条中规定的等同于公务员者（以下本条称"等同于公务员者"）继续担任公团干部或职员时，对于修改一部分抚恤法的法律（一九四七年法律第七十七号。以下称"法律第七十七号"）附则第十条或住宅金融公库法（一九五〇年法律第一百五十六号）第三十八条之三规定的适用，如法律第七十七号附则第十条第一项中"继续担任公务员或等同于公务员者在职"或住宅金融公库法第三十八条之三第一项中"接连作为同条中规定的公务员或等同于公务员者在职"，可解读为"继续担任公务员或等同于公务员者在职、作为日本住宅公团干部或职员在职"。

2.在其他法律的规定中适用法律第七十七号附则第十条的规定时，可以适用前项规定中被替代的同条第一项的规定。

3.公团设立时已是公务员或等同于公务员的在职者，接着成为公团干部或职员，再接着成为公务员或等同于公务员者时（含公团设立时已是公务员或等同于公务员的在职者，接着作为公务员或等同于公务员者在职，又接着成为公团干部或职员，又进一步成为公务员或等同于公务员者的情况），对于该公务员或等同于公务员者应该给予的普通抚恤，可以将该公团干部或职员的在职年月数总计成公务员或等同于公务员者的在职年月数。

4.对于公务员或等同于公务员者成为公团干部或职员前，在职年数达到了属于普通抚恤里的最短抚恤年限者，第一项（含适用于其他法律规定中依据第一项规定替换的法律第七十七号附则第十条第一项规定的情况）及前项的规定不适用。

5.对于适用或适用于抚恤法第六十四条之二规定的第三项规定适用的获得者，公团干部或职员的就职等同于再就职。

第六十条 公团要将充当抚恤金支付给适用前条第一项（包括在其他法律规定中按同条通项规定被换用的法律第七十七号附则第十条第一项的适用情况）及第三项规定的公团干部、职员或其遗属的金额按政令规定缴纳给国库或地方公共团体。

（与财政大臣等的协议）

第六十一条 建设大臣在以下情况下，必须事先与大藏大臣协议。

一、欲依据第四条第三项、第四十五条第一项、第四十九条第一项、第二项但书以及第六项、第五十二条的规定给予许可时。

二、欲依据第四十七条第一项及第五十四条的规定给予同意时。

三、欲依据第五十三条第一号的规定进行指定时。

四、欲依据第五十五条的规定制定建设省令时。

2.建设大臣欲依据第四十条第四项（含第四十三条第三项的适用情况）的规定进行裁定时，必须事先与自治厅长官进行协议。

第九章　罚则

（罚则）

第六十二条　当公团违反了第五十七条第一项的规定而不报告或作虚假报告，或拒绝、妨碍、逃避检查时，对构成违反行为的公团干部或职员将处以三万日元以下的罚款。

第六十三条　在以下情况下，将对构成违反行为的公团干部或职员处以三万日元以下的过失罚款。

一、依据此法律必须获得建设大臣的认可或同意的情况下，未获得认可或同意时。

二、违反第六条第一项规定，疏于注册或进行了不实注册时。

三、进行了第三十一条及附则第三条所规定业务外的业务时。

四、违反第五十三条的规定，使用了业务上的富余资金时。

五、违反了建设大臣依据第五十六条第二项规定发出的命令时。

第六十四条　对违反第八条规定者处以一万日元以下的过失罚款。

附则（略）

第六节　地方住宅供给公社法 ❶

第一章　总则

（目的）

第一条　地方住宅供给公社的目的，是在住宅明显不足的地区接受需要住宅的劳动者的资金，并与其他资金合并运用，为这些劳动者提供居住环境良好的集团住宅及供此用途的宅地，以及为住民的生活安定与社会的福祉增进作贡献。

（法人格）

第二条　地方住宅供给公社（以下称"地方公社"）是法人。

（名称）

第三条　地方公社在其名称中必须使用住宅供给公社字样。

2. 非地方公社者不得在其名称中使用住宅供给公社字样。

（出资）

第四条　非地方公共团体不能向地方公社出资。

2. 设立团体（指设立地方公社的地方公共团体。以下同）必须出资相当于地方公社基本财产额二分之一以上资金或其他财产。

（章程）

---

❶　立法文号为一九六五年六月十日法律第一百二十四号，译文版本为二○一三年六月十四日法律第四十四号。

第五条　地方公社须以章程规定以下事项。

一、目的。

二、名称。

三、设立团体的地方公共团体。

四、事务所的所在地。

五、干部的定数、任期及其他有关干部的事项。

六、业务及有关其执行事项。

七、基本财产额及有关其他资产和会计事项。

八、公告方式。

2. 章程的变更须得到国土交通大臣的许可才能生效。

（注册）

第六条　地方公社须依据政令规定进行注册。

2. 前项规定的必须注册事项如未注册，则不可以此与第三方对抗。

（有关一般社团法人及一般财团法人的法律适用）

第七条　有关一般社团法人及一般财团法人的法律（二〇〇六年法律第四十八号）第四条及第七十八条的规定适用于地方公社。

第二章 设立

（设立）

第八条　地方公社在非都道府县或非政令指定的人口五十万以上的城市不可设立。

第九条　设立地方公社须经过议会的决议并写成章程及业务方法书后获得国土交通大臣的认可。

（成立）

第十条　地方公社要在其主要事务所所在地经过注册设立方才成立。

第三章 干部及职员

（干部）

第十一条　地方公社中设置作为干部的理事长、理事及监事。

（干部的职务及权限）

第十二条　理事长代表地方公社总理业务。

2. 理事依据章程规定，辅佐理事长掌管地方公社业务；当理事长出现事由时代理其职务；当理事长缺位时执行其职务。

3. 监事监察地方公社的业务。

4. 若监事依据检查结果认为有必要，可以向理事长或国土交通大臣或设立团体长提出意见。

（干部的任命）

第十三条 理事长及监事由设立团体长任命。

2. 理事由理事长任命。

（干部的任期）

第十四条 干部的任期不得超过四年。

2. 干部可以连任。

（不符合干部资格的条项）

第十五条 属于以下各号之一者不能成为干部。

一、干部为从事物品制造、贩卖、工程承包，且与地方公社在业务上有密切利害关系者，或为法人时的干部（不论何种名称，含拥有与此同等以上职权或支配力者）。

二、前号所示事业者团体的干部（不论何种名称，含拥有与此同等以上职权或支配力者）。

（干部的免职）

第十六条 设立团体长或理事长在其所任命的干部属于前条各号之一时须免除该干部的职务。

2. 设立团体长或理事长在其所任命的干部属于以下各号之一或认为其不适合担任干部时可免除该干部的职务。

一、认为其因身心故障无法胜任职务时。

二、违反职务上的义务时。

（代表权的限制）

第十七条 对于地方公社与理事长的利益出现冲突事项，理事长不拥有代表权。在此情况下，监事代表地方公社。

（代理人的选任）

第十八条 理事长可以从理事或地方公社的职员中选任对地方公社的主事务所或从属事务所的业务拥有一切裁判上或裁判外行为权限的代理人。

（职员的任命）

第十九条 地方公社的职员由理事长任命。

（干部及职员的公务员性质）

第二十条 干部及职员对于刑法（一九〇七年法律第四十五号）及其他罚则的适用，依据法令，视作从事公务的职员。

第四章 业务

（业务）

第二十一条 地方公社为了达成第一条目的而进行住宅积立分让及其附带业务。

2. 前项的住宅积立分让是指在一定期限内定期接受存款直到达到一定的存款额度，期满后，将高于存款额度的一定金额用于购买住宅或住宅用地。高于存款额度的一定金额的计算方法由国土交通省令规定。

3. 地方公社为达成第一条目的，除第一项业务外，可以从事以下全部或一部分业务。

一、建设、租赁、管理及转让住宅。

二、建造、租赁、管理及转让以供住宅之用的宅地。

三、在市街地中建设、租赁、管理及转让适合与地方公社住宅建设配套建造的用于商店、事务所等用途的设施。

四、建造、租赁、管理及转让与住宅的宅地配套建造的适用于建造学校、医院、商店之用的宅地。

五、建设、租赁、管理及转让在地方公社租赁、转让的住宅及地方公社租赁、转让的宅地上建造的以供住宅居住者之便的设施。

六、进行前面各号所示业务的附带业务。

七、实施水面填埋事业。

八、在第一项业务及前面各号所示业务的实施无障碍的范围内，依据委托，进行住宅的建设、租赁及其他管理，宅地的建造、租赁及其他管理，以及在市街地中自行或依据委托进行建设、租赁和管理适合与住宅建设配套建造的用于商店、事务所等的设施和为集团住宅中的住宅区居住者提供便利的设施。

4. 地方公社欲依据公营住宅法（一九五一年法律第一百九十三号）第四十七条第一项的规定，管理以设立团体外的地方公共团体为事业主体（即同法第二条第十六号的事业主体）的公营住宅（即同法第二条第二号的公营住宅）或共同设施（即同法第二条第九号的共同设施）时，须事先获得设立团体长的认可。

第二十二条 地方公社进行有关住宅建设或宅地建造业务时，须努力确保为劳动者建造足以营造良好健康文化生活环境的住宅或宅地。进行有关住宅或宅地的租赁、管理及转让业务时，须努力确保需要住宅的劳动者的合理利用及适当的租赁费或转让价格。

（有关住宅积立分让的契约）

第二十三条 地方公社在签订住宅积立分让的相关契约时，契约对方的资格、选定方法及契约内容须遵循国土交通省令制定的基准。

2. 签订了住宅积立分让的契约者因契约的解除而从地方公社获得金额时，拥有在地方公社总财产方面的先取特权。

3. 前项先取特权的顺序排在民法（一八九六年法律第八十九号）规定的一般先取特权后。

（住宅建设等的基准）

第二十四条 地方公社进行住宅的建设、租赁、管理及转让，宅地的建造、租赁、管理及转让，第二十一条第三项第三号及第五号的设施建设、租赁、管理及转让时，除遵循其他法令中特别规定的基准外，还须遵循国土交通省令制定的基准。

（业务的委托）

第二十五条 依据国土交通省令的规定，地方公社要将基于住宅积立分让相关契约的资金收入业务的一部分委托给银行或其他金融机构。

（业务方法书）

第二十六条 地方公社的业务方法书中必须记载的事项由国土交通省令制定。

2.地方公社欲变更业务方法书时，须征得国土交通大臣的认可。

（事业计划及资金计划）

第二十七条 地方公社须在每事业年度制定事业计划及资金计划，并在事业年度开始前获得设立团体长的同意。欲变更时也须同样操作。

（听取地方公共团体长的意见）

第二十八条 地方公社欲进行住宅建设或宅地建造时，须事先就该住宅建设计划或宅地建造计划听取将要进行该住宅建设或宅地建造所在地区的地方公共团体长的意见。

第五章 财务及会计

（事业年度）

第二十九条 地方公社的事业年度从每年的四月一日开始，到翌年的三月三十一日结束，但设立后最初的事业年度从设立日开始，到之后第一个三月三十一日结束。

（会计分类）

第三十条 地方公社须将以住宅积立分让契约为基础所获资金的会计与其他会计进行分类处理。

2.对于从住宅积立分让契约所获资金的会计，须依据国土交通省令的规定，持有充当契约解除时支付债务所需准备金。

（决算）

第三十一条 地方公社的每事业年度的决算，须在第二年度五月三十一日前结束。

（财务诸表及业务报告书）

第三十二条 地方公社须在每事业年度制作财产目录、租赁对照表及盈亏计算书（以下称"财务诸表"），并于决算结束后两个月内提交给设立团体长。

2.地方公社在按前项规定提交财务诸表时，须附加记载了国土交通省令规定事项的该事业年度的业务报告书及监事对于财务诸表及业务报告书的相关意见。

（利益及损失的处理）

第三十三条　地方公社遵循第三十条第一项的会计分类，当每事业年度的盈亏计算出现盈利时，须填补上一事业年度转入的损失；当出现余额时，须将余额作为准备金处理。

2.地方公社遵循第三十条第一项的会计分类，当每事业年度的盈亏计算出现亏损时，须减少前项规定中的准备金来处理；当余额不足时，须将不足金额作为结转亏损金处理。

（债券）

第三十三条之二　地方公社可发行债券。

（富裕资金的使用）

第三十四条　地方公社除以下方式外，不得使用业务方面的富余资金。

一、取得国债、地方债及国土交通大臣指定的其他有价证券。

二、向银行及国土交通大臣指定的其他金融机构存款。

三、国土交通省令制定的其他方法。

（对国土交通省令的委任）

第三十五条　除此法律的规定外，有关地方公社的财务及会计的必要事项由国土交通省令制定。

第六章　解散及结算

（解散事由）

第三十六条　地方公社将依据如下事由解散。

一、决定开始办理破产手续。

二、取消依据第九条规定的认可。

2.地方公社在前项各号事由外，经过设立团体的议会决议并获得了国土交通大臣的认可时解散。

（结算期地方公社的能力）

第三十六条之二　解散了的地方公社在结算目的范围内，直至结算完毕，仍视作存续体。

（结算人）

第三十七条　地方公社解散时，除决定开始破产手续的解散情况，理事长及理事为结算人。

2.对理事长为结算人的情况适用第十二条第一项规定，理事为结算人的情况适用同条第二项规定。

（法院对结算人的选任）

第三十七条之二　当按前条第一项规定无结算人或因缺少结算人而有可能出现损

失时，法院可以依据利害关系人或检察官的请求或运用职权选任结算人。

（结算人的解任）

第三十七条之三 当有重要事由时，法院可以依据利害关系人或检察官的请求或使用职权解任结算人。

（结算人的呈报）

第三十七条之四 在结算中任职的结算人必须将其姓名及住址呈报给国土交通大臣。

（结算人的职务及权限）

第三十七条之五 结算人的职务有以下几项。

一、完成现有事务。

二、征收债权及偿还债务。

三、交付剩余财产。

2. 结算人为执行前项各号所示职务可以进行一切必要的行动。

（债权申请催告等）

第三十七条之六 结算人自任职日起两个月内，必须向债权者进行至少三次公告，催促其在一定期间内进行应有的债权申请。在此情况下，这期间不能少于两个月。

2. 当债权者对于前项公告未在相应期间内提出申请时，须备注其应被排除在结算外，但结算人不可排除已知债权者。

3. 结算人对已知债权者须特别催促其进行申请。

4. 第一项公告要登载在政府公报上进行。

（超过期限的债权申请）

第三十七条之七 超过前条第一项时间提出申请的债权者，只能对地方公社清偿债务后还未被交付给具有归属所有权者的财产提出请求。

（关于结算中地方公社破产手续的开始）

第三十七条之八 当结算中地方公社的财产明显不足以清偿债务时，结算人须立即申请破产手续开始并将其公告。

2. 结算人在结算中地方公社接受破产手续开始决定的情况下，在向破产财产管理人移交事务时，即视作其结算任务的结束。

3. 在前项规定的情况下，破产财产管理人可以收回结算中地方公社已向债权者支付或已向归属权所有者交付之物。

4. 依据第一项规定进行的公告要登载在政府公报上。

（结算事务）

第三十八条 当地方公社偿还债务后还有剩余财产时，结算人须将这部分剩余财产按出资额比例，分配给向地方公社出资的地方公共团体。

（法院的监督）

第三十八条之二　地方公社的解散及结算属于法院的监督。

2. 法院任何时候都可运用职权为前项监督进行必要的检查。

3. 监督地方公社解散及结算的法院可以向国土交通大臣征求意见或委托调查。

4. 国土交通大臣可以对前项规定中的法院陈述意见。

（结算结束的呈报）

第三十八条之三　结算结束后结算人须向国土交通大臣呈报。

（有关解散及结算监督等事件的管辖）

第三十八条之四　地方公社解散和结算的监督及结算人的相关事项由地方公社主要事务所所在地地方法院管辖。

（不服申述限制）

第三十八条之五　对结算人选任的裁判不得进行不服申诉。

（法院所选任结算人的报酬）

第三十八条之六　在法院依据第三十七条之二的规定选任结算人的情况下，地方公社可以决定支付该结算人报酬的金额。这种情况下，法院须听取该结算人及监事的陈述。

（检查人员的选任）

第三十九条　法院为对地方公社的解散及结算监督进行必要的调查，可以选任检查人员。

2. 前两条规定适用于前项规定的法院选任检查人员。在此情况下，前条中"结算人及监事"解读为"地方公社及检查人员"。

第七章　监督

（报告及检查）

第四十条　在国土交通大臣或设立团体长认为有必要时，可以向地方公社要求相关业务及资产状况的报告，或让其职员前往地方公社事务所检查业务状况或账簿、文件及其他必要物件。

2. 在职员按前项规定前往检查的情况下，须携带证明其身份证件并向相关人员出示。

3. 第一项规定中的检查权限不可理解为与犯罪搜查等同。

（监督命令）

第四十一条　为确保地方公社业务的健全发展或保护住宅积立分让的契约者，若国土交通大臣或设立团体长认为有必要时，可以对地方公社发出有关其业务监督方面的必要命令，但国土交通大臣只有在认为设立团体长疏于发出必要命令时才可发出命令。

（对违法行为的处理）

第四十二条 国土交通大臣或设立团体长依据第四十条第一项的规定要求报告或进行检查时，若认定地方公社的业务或会计违反了此法律或基于此法律的命令，或违反了在此基础上的国土交通大臣、都道府县知事、市长的处理，或违反了章程、业务方法书、事业计划、资金计划时，可以在达成此法律目的的必要限度内，对该地方公社发出停止其全部或一部分业务及进行其他必要措施的命令。在此情况下，适用前条但书规定。

2.国土交通大臣在地方公社不遵从前项规定命令的情况下，不得已时，可以取消第九条规定中的认可。

第八章 杂则

（共同设立）

第四十三条 以下各号之一所示都道府县或都道府县及市可以共同设立地方公社。

一、两个以上的都道府县。

二、两个以上的都道府县及其区域内的第八条的市。

三、一个都道府县及其区域内的第八条的市。

2.前项第一号的都道府县或同项第二号的都道府县及市共同设立地方公社的情况下，第十二条第四项"国土交通大臣或设立团体长"、第二十七条或第三十二条第一项"设立团体长"或第四十条第一项、第四十一条、第四十二条第一项"国土交通大臣或设立团体长"换作"国土交通大臣"，不适用第四十一条但书及第四十二条第一项后段的规定。前项第三号的都道府县及市共同设立地方公社的情况下，第十二条第四项、第二十七条、第三十二条第一项、第四十条第一项、第四十一条及第四十二条第一项"设立团体长"换作"都道府县知事"。

3.在前项情况下，国土交通大臣或都道府县知事欲依据第二十七条的规定处理有关事业计划及资金计划的同意申请时，须听取各设立团体长或设立团体市长的意见。

（权限的委任）

第四十三条之二 此法律中规定的国土交通大臣的权限，依据国土交通省令的规定，可以将其一部分委任给地方整备局长或北海道开发局长。

（都道府县知事等的经由）

第四十四条 除第四十三条第一项第一号的都道府县或同项第二号的都道府县及市共同设立的地方公社，地方公社依据此法律规定或基于此法律的命令向国土交通大臣提交的申请书及其他文件，须依据国土交通省令规定，经由市设立地方公社之市长及其他地方公社的都道府县知事。

2.都道府县知事或市长在收到前项文件时，须及时将文件提交给国土交通大臣。

在此情况下，当都道府县知事或市长对该文件的内容有意见时，须附上其意见。

3.第一项规定之都道府县或市所处理事务为地方自治法（一九四七年法律第六十七号）第二条第九项第一号中规定的第一号法定受托事务。

（冲绳振兴开发金融公库的融资）

第四十五条　冲绳振兴开发金融公库在法令及其事业计划范围内，为使地方公社住宅积立分让中的住宅及其用地的供给顺利进行，须对必要资金的借贷进行考虑。

（非课税）

第四十六条　地方公社在设立之际，直接以出资目的取得本来供其业务之用的不动产时，不得对此课以不动产税。

2.在超出第二十一条第二项规定收入额的一定金额内，不对此超出金额课以所得税。

（其他法令的适用）

第四十七条　关于不动产登记法及政令规定的其他法令，依据政令规定，地方公社视作地方公共团体并适用这些法令。

第九章　罚则

（罚则）

第四十八条　依据第四十条第一项规定，被要求报告而不报告或进行虚假报告，或拒绝、妨碍、逃避基于同项规定的检查时，行使这些违规行为的地方公社干部、结算人或职员将被处以三十万日元以下的罚款。

2.地方公社的干部、结算人或职员对其地方公社业务做出前项违规行为时，除责罚行为者外，也要对该地方公社课以同项惩罚。

第四十九条　在符合以下各号任意之一的情况下，做出违规行为的地方公社干部或结算人将被处以二十万日元以下的过失罚款。

一、在依据此法律规定必须获得国土交通大臣、都道府县知事或市长认可或同意的情况下，未获得其认可或同意时。

二、违反第六条第一项规定疏于登记时。

三、进行第二十一条规定的业务外的业务时。

四、违反第三十条、第三十三条、第三十四条或第三十八条的规定时。

五、违反第三十二条规定，疏于提交财务诸表或业务报告书，或未在此类文件上记载应有的记载事项，或提交了不实记载时。

六、违反第三十七条之六第一项的规定，疏于公告或作虚假公告时。

七、在第三十七条之六第一项规定的期间内向债权者还债时。

八、违反第三十七条之八第一项的规定，疏于破产手续开始申请时。

九、违反基于第四十一条规定的命令时。

第五十条 违反第三条第二项规定者处以十万日元以下的过失罚款。

附则（略）

第七节　新住宅市街地开发法 ❶

第一章　总则

（目的）

第一条 此法律的目的，依据新住宅市街地开发事业的实施及其他必要事项的规定，在对住宅有显著需求的市街地周边区域进行住宅市街地开发，谋求开发健全的住宅市街地及为苦于住宅的国民提供相当规模的居住环境良好的住宅地，以此为国民生活的安定作贡献。

（定义）

第二条 此法律中的"新住宅市街地开发事业"指依据城市规划法及以此法律的规定进行的宅地建造、建造后宅地的处理及应与宅地配套的公共设施配备事业及其附带事业。

2. 在公益设施或特定业务设施配备事业与前项事业共同进行的情况下，这些事业亦包含在新住宅市街地开发事业中。

3. 此法律中的"实施者"指新住宅市街地开发事业的实施者。

4. 此法律中的"事业地"指实施新住宅市街地开发事业的土地区域。

5. 此法律中的"公共设施"指道路、公园、下水道或其他依据政令规定用于公用的设施。

6. 此法律中的"宅地"指建筑物、建造物或其他设施的用于公共设施外的地皮。

7. 此法律中的"公益性设施"指教育设施、医疗设施、政府机关和公共团体设施、购买设施及其他居住者共同福祉或便利所必需的设施。

8. 此法律中的"特定业务设施"指事务所、事业所及其他的业务设施中通过扩大居住者雇佣机会及增加白天人口而增进事业地都市机能并与良好居住环境相协调的公益性设施以外的设施。

9. 此法律中的"建造设施等"指由新住宅市街地开发事业建造的宅地，以及其他土地及公共设施及其他设施。

10. 此法律中的"建造宅地等"指建造设施等中的公共设施及用于此用途的土地之外的用地。

---

❶ 立法文号为一九六三年七月十一日法律第一百三十四号，译文版本为二〇〇六年五月三十一日法律第四十六号。

11. 此法律中的"处理计划"指实施者实施的建造设施等的处理计划。

（关于涉及新住宅市街地开发事业的市街地开发事业等预定区域的城市规划）

第二条之二　依据城市规划法第十二条之二第二项的规定，城市规划中应该制定的涉及新住宅市街地开发事业的市街地开发事业等预定区域的区域，必须是符合以下所示条件的土地区域。

一、在符合住宅需求的适宜宅地明显不足或有明显不足可能的市街地周边区域中，具备与良好住宅市街地进行一体化开发的自然及社会条件。

二、该区域中作为建筑物用地的土地极少。

三、可以形成一个以上的住区（指在平均一公顷八十人到三百人的基准下，可以大致居住六千人到一万人的地区中应构成住宅市街地的单位。第四条相同），且符合住宅需要的适当规模的区域。

四、该区域在城市规划法第八条第一项第一号的第一种低层居住专用地区、第二种低层居住专用地区、第一种中高层居住专用地区、第二种中高层居住专用地区、第一种居住地区、第二种居住地区、准居住地区或准工业地区、近邻商业地区或商业地区内，其大部分在第一种低层居住专用地区、第二种低层居住专用地区、第一种中高层居住专用地区、第二种中高层居住专用地区内。

（有关新住宅市街地开发事业的城市规划）

第三条　依据城市规划法第十二条第二项的规定，城市规划中应该制定的有关新住宅市街地开发事业的实施区域，必须是符合以下各号所示条件的土地区域。

一、符合前条各号所示条件。

二、制定了为将该区域作为住宅市街地的主要配套公共设施相关的城市规划。

第四条　在新住宅市街地开发事业的城市规划中，除城市规划法第十二条第二项中规定的事项外，还须制定住区、公共设施配置及规模以及宅地利用计划。

2. 有关新住宅市街地开发事业的城市规划须遵循以下各号所示制定。

一、在有关道路、公园、下水道及其他设施的城市规划已制定的情况下，须符合其城市规划来制定。

二、各住区应考虑从地形、地盘性质等推想出的住宅街区状况，具备合适配置及规模的道路、邻近公园（指主要提供给住区内居住者利用的公园）和其他公共设施，且能确保住区居住者日常生活所需的公益性设施用地的良好居住环境。

三、该区域以前号的住区为单位，通过配备连结各住区的干线街路及其他主要公共设施，并确保一定规模的与该区域相适应的公益性设施用地，以建构一体化的健全住宅市街地为目标来制定。

四、在包含特定业务设施用地建造的新住宅市街地开发事业的城市规划中，宅地的利用规划除依据前三号的基准外，还应兼顾该区域内，或一个、两个以上住区内的设施用地的配置及规模能够增进该区域住宅市街地都市功能及确保良好的居住环境。

（新住宅市街地开发事业的实施）

第五条　新住宅市街地开发事业作为城市规划事业实施。

（实施者）

第六条　新住宅市街地开发事业的实施者，除地方公共团体及地方住宅供给公社外，仅限于此法律特别规定者。

第二章　新住宅市街地开发事业

第一节　削除

第二节　实施计划及处理计划

（实施计划及处理计划）

第二十一条　实施者须制定实施计划及处理计划。

2. 在实施计划中，须依据国土交通省令的规定，制定事业地（将事业地分为工区时，为事业地及工区）、设计及资金计划。

3. 在处理计划中，须制定有关建造设施等的处理方法及处理价额事项及有关处理后的建造宅地等的利用限制事项。

4. 此法律规定外的有关实施计划、处理计划设定的技术基准及其他实施计划及处理计划的必要事项由国土交通省令制定。

（处理计划的认可等）

第二十二条　实施者（除地方公共团体）制定处理计划时，依据国土交通省令的规定，地方住宅供给公社（不含市单独设立部分）须得到国土交通大臣的认可；地方住宅供给公社（仅限于市单独设立部分）或第四十五条第一项规定的实施者，须得到都道府县知事的认可。欲变更时（不含实施国土交通省令所规定的轻微变更的情况）也须同样操作。

2. 地方公共团体实施者，欲制定处理计划时，依据国土交通省令的规定，都道府县的情况下，须事先与国土交通大臣协议并取得其同意。其他实施者，须事先与都道府县知事协议并取得其同意。在变更时（不含欲实施国土交通省令规定的轻微变更），也须同样操作。

3. 实施者制定了实施计划后，依据国土交通省令的规定，都道府县实施者须将此计划呈报给国土交通大臣。其他实施者须将此计划呈报给都道府县知事。在变更此计划时（不含实施了国土交通省令规定的轻微变更情况）也须同样操作。

（处理计划的基准）

第二十三条　在处理计划中，建造宅地等除政令特别规定的之外，须公募至少具备以下各号所示条件者，用公正的方法从中遴选承接人。这种情况下，伴随该新住宅市街地开发事业的实施，对失去了用于本人或雇佣者居住或用于本人业务之用的土地或建筑物者及其他受政令规定者，依据政令的规定，须给予他们优先承接所需宅地的机会。

一、用于本人或雇佣者居住或用于本人业务之用的宅地所需者。

二、具有支付转让价格者。

2. 在处理计划中，为谋求建造宅地等的顺利处理，若认为有特别需要时，可以不拘于前项规定，而在符合下列条件，依据"从事建造宅地等转让事业的信托公司或金融机构的信托业务兼营法律"第一条第一项认可的金融机构（以下称"信托公司等"）进行公募，选出具有相关资历、信用及技术能力者，将该建造宅地等的一部分遵循国土交通省令的规定，在该信托公司进行信托。

一、除前项前段政令中的特别规定，有关信托建造宅地等，须公募具备同项各号所示必要条件及其他处理计划中规定的必要条件者，并按处理计划的规定，用公正的方法从中选定承接人。

二、有关信托建造宅地等的转让价格，按下条规定的建造宅地等的处理价额基准，为实施者所决定的金额。

第二十四条　在处理计划中，建造宅地等的处理价额需注意如下事项：不以居住或营利为业务目的之用的部分，以该建造宅地等的获取及建造或建设所需费用为基准，并考虑该建造宅地等的位置、品位及用途；以营利为业务目的之用的部分，以同类用地等的时价为基准，并须考虑该建造宅地等的获得及建造、建设所需费用及该建造宅地等的位置、品位及用途后决定。

第二十五条　处理计划须规定：在已制定城市规划的情况下，处理后的建造设施等要适合该城市规划；其他公益性设施等的设施（除特定业务设施）要有助于居住者的共同福祉及便利；特定业务设施要谋求通过居住者雇佣机会的增加及白天人口的增加来增进事业地的都市功能，并使其与良好的居住环境相协调，对各街区内的建筑物用地要力求建设与该街区规模及用途相适应的建筑物。

（有关实施计划及处理计划的协议）

第二十六条　实施者在制定实施计划或处理计划或欲变更时，须事先与同实施计划、处理计划或变更相关的公共设施的管理者，或管理者候补人或其他政令中规定者进行协议。

第三节　建造设施等的处理等

（工事完了的公告）

第二十七条　实施者在全部完成事业地（事业地区分成工区时，为工区。以下此条中相同。)工事(除实施计划中特别规定的工事)时,须及时向都道府县知事进行呈报。

2. 都道府县知事在接到前项呈报后,若认定与此呈报相关的工事符合实施计划时,须及时将该事业地工事完了的内容进行公告。

（由新住宅市街地开发事业的实施而设置的公共设施的管理）

第二十八条 由新住宅市街地开发事业的实施而设置了公共设施的情况下,此公共设施在前条第二项公告日的翌日起,归此公共设施所在市町村管理,但若基于其他法律另有管理者,或在处理计划中特别指定了管理者时,则应归这些管理者管理。

2. 实施者在前条第二项公告日前,在相关公共设施的工事结束时,可不拘于前项规定,将此公共设施的管理移交给管理者。

3. 实施者在前条第二项公告日的翌日,当相关公共设施的工事还未结束的情况下,可不拘于第一项规定,而在此工事结束后将管理移交给此公共设施的管理者。

4. 公共设施的管理者在接到实施者依据前两项规定发出的对其公共设施管理的移交申请时,除相关公共设施的工事与实施计划中规定的设计不相符的情况外,不得拒绝此移交事务。

（供公共设施之用的土地归属）

第二十九条 由于新住宅市街地开发事业的实施,在需要设置新公共设施以取代旧公共设施的情况下,国家或地方公共团体所拥有的旧公共设施的土地,在第二十七条第二项公告日的翌日起归属于实施者,而在处理计划中规定用于新公共设施的土地从那天起,分别归属于国家或该地方公共团体。

2. 用于由新住宅市街地开发事业的实施而设置的公共设施的土地,除前项中的规定及处理计划中的特别规定外,在第二十七条第二项公告日的翌日,归属于该公共设施的管理者（若此管理者是作为地方自治法第二条第九项第一号规定的第一号法定受托事务(以下称"第一号法定受托事务")来管理该公共设施的地方公共团体时,为国家）。

（建造设施等的处理）

第三十条 实施者须将建造设施等遵循此法律及处理计划来处理。

2. 地方公共团体依据此法律规定进行的建造设施等的处理不适用于该地方公共团体的财产处理法令规定。

（建筑物的建筑义务）

第三十一条 实施者或从依据第二十三条第二项规定的处理计划中的承担信托的信托公司等（以下称"特定信托公司"）处,获得了预定建设建筑物宅地的接受者,须从其接受日的翌日起五年内,建设处理计划中规定的规模及用途的建筑物。

（建造宅地等相关权利的处理限制）

第三十二条 从第二十七条第二项公告之日的翌日起十年内,建造宅地等或建造宅地等的宅地上所建建筑物的所有权、地上权、抵押权、使用借贷权，或租赁权及其他使用及以收益为目的的权利的设定或转移，按照国土交通省令的规定，当事者须得到都道府县知事的同意，但以下所示各号任何之一的情况不在此限。

一、当事者的一方或双方为国家、地方公共团体、地方住宅供给公社或其他政令中规定的组织时。

二、该权利因继承或其他一般性继承而发生转移时。

三、该权利作为滞纳处理、强制执行、担保权执行的拍卖或企业担保权的执行而发生转移时。

四、依据土地征用法（一九五一年法律第二百一十九号）或其他法律被征用或被使用时。

五、其他政令规定的情况。

2. 前项规定的认可处理，须考虑欲设定或转移该权利人是否会通过其设定或转移收到不当利益，以及其设定或转移对象是否依据处理计划中制定的处理后建造宅地等的利用规制来利用该建造宅地等。

3. 同项规定中因特定信托公司等而与该信托相关的第一项有关建造宅地等的权利设定或转移同意，除依据前项规定外，只要该权力的设定或转移符合第二十三条第二项各号所示必要条件即可进行。

4. 在第一项规定的同意中，为达成处理计划中制定的处理后建造宅地等的利用规制，可附上必要条件。在此情况下，不得使获得该同意者因此条件负担不当义务。

（购回权）

第三十三条　实施者或特定信托公司等，在转让新住宅市街地开发事业所建造的宅地时（除实施者基于信托契约向特定信托公司等转让此宅地的情况），须按民法（一八九六年法律第八十九号）第五百七十九条的规定，在该转让日附上购回协定，该协定将第二十七条第二项公告日的翌日起十年内的期间当作购回期间。

2. 基于前项协定的购回权，仅限于以下情况行使，即从实施者或特定信托公司等承接了宅地者或其继承者违反了第三十一条或前条第一项规定的情况，或违反了同条第四项规定的附带条件时。

3. 不拘于前项规定，若有人获得前条第一项的同意，对同项宅地或建于其上的建筑物拥有权力时，或从前项违反事实发生日起三年后，不可行使基于第一项协定的购回权。

4. 基于第一项规定购回的宅地，须依据处理计划进行处理。

（图纸和文本的备置等）

第三十四条　实施者在第二十七条第二项公告发出后，须按国土交通省令的规定，向建造设施等所在地的市町村长提交图示该建造设施等所在区域的图纸和文本。

2. 收到前项图纸和文本的市町村长，要将该图纸和文本从第二十七条第二项公告日起的翌日起放置于该市町村公务所十年，当有相关人员要求时，须供其阅览。

3. 都道府县知事须依据国土交通省令的规定，从第二十七条第二项公告日的翌日起十年间，在新住宅市街地开发事业实施土地区域内的便于看见的场所，设置表示该新住宅市街地开发事业实施土地的标识。

4. 若未经都道府县知事的同意，任何人不得移动、搬除、污损或损坏依据前项规定设置的标识。

第三章　杂则

（用于测量的标识设置）

第三十四条之二　欲实施新住宅市街地开发事业者或实施者，若为了新住宅市街地开发事业实施准备或实施，而需要进行必要的测量时，可设置国土交通省令规定的标识。

2. 若未经设置者的同意，任何人不得移动、搬除、污损或损坏依据前项规定设置的标识。

（相关账簿的阅览等）

第三十四条之三　欲实施新住宅市街地开发事业者或实施者，为进行新住宅市街地开发事业的实施准备或实施，若有需要时，可向管辖该土地的登记所或其他行政长官请求无偿发给所需账簿的阅览、誊写或其誊本、抄本、登记事项证明书。

（建筑物等的征用请求）

第三十四条之四　在新住宅市街地开发事业中，依据城市规划法第六十九条规定适用于土地征用法所规定的征用土地或权利的情况，依据权限规定，拥有相关土地上的建筑物或其他土地上固定建造物的所有者，可以请求征用该建造物。

2. 土地征用法第八十七条的规定，适用于依据前项规定的征用请求。

（费用的负担）

第三十五条　新住宅市街地开发事业所需费用由实施者负担。

2. 实施者对政令规定的干线街路、污水处理场及其他重要公共设施，对用于其他实施者实施的新住宅市街地开发事业相关的事业地内居住者便利的建设费用，可向该其他实施者要求其负担一部分费用。

（新住宅市街地开发事业的交接）

第三十六条　对实施中的新住宅市街地开发事业的事业地区域，如未得到其实施者的同意，其实施者以外人员不得实施新住宅市街地开发事业。

2. 关于实施中的新住宅市街地开发事业的事业地区域，在获得前项同意，成为新实施者的情况下，此新住宅市街地开发事业则移交给新实施者。

3. 依据前项规定，承接了实施新住宅市街地开发事业的实施者，将继承有关实施者对新住宅市街地开发事业的实施所拥有的权利义务。

4. 在第二项情况下，前实施者依据此法律或基于此法律命令的规定进行的处理、手续及其他行为，将视作新实施者的行为。对前实施者进行的处理、手续及其他行为，将视作对新实施者的行为。

（相关账簿的备置）

第三十七条　实施者依据国土交通省令的规定，须将新住宅市街地开发事业的相关账簿备置于其事务所。

2. 在收到利害关系者发出的阅览前项账簿的请求时，实施者不可因不正当理由拒绝此请求。

（文件寄送替代公告）

第三十八条　实施者寄送新住宅市街地开发事业的相关实施文件时，若接受方拒绝接受该文件，或非因过失，而不能确定接受者的住址、居所及其他寄送文件的场所时，可将该文件内容通过公告的形式代替文件寄送。

2. 在前项公告发出的情况下，自该公告日的翌日起十天后，视作该文件已到达接收方处。

（资金融通等）

第三十九条　国家应在新住宅市街地开发事业必要资金的融通或斡旋及其他方面，对实施者进行援助。

（技术性援助的请求）

第四十条　为了新住宅市街地开发事业的实施准备或实施，都道府县及地方住宅供给公社可向国土交通大臣、市町村可向国土交通大臣及都道府县知事，请求具备新住宅市街地开发事业相关专业知识之职员的技术性援助。

（对实施者的监督等）

第四十一条　国土交通大臣对作为实施者的地方住宅供给公社（除市单独设立的情况）、都道府县知事对地方住宅供给公社（仅限于市单独设立的情况）或第四十五条第一项规定的实施者，分别认为其制定的实施计划或进行的工事或处理未依据此法律或基于此法律的命令，或未依据作为新住宅市街地开发事业的城市规划事业的内容、实施计划或处理计划时，为确保新住宅市街地开发事业的适当实施，在必要的限度内，可命令变更实施计划，或中止及变更工事，或终止处理或采取其他必要措施。

2. 国土交通大臣对作为实施者的都道府县、都道府县知事对作为实施者的其他地方公共团体，若分别认为其制定的实施计划或进行的工事或处理，未依据此法律或基于此法律的命令，或未依据新住宅市街地开发事业的相关城市规划事业的内容、实施计划或处理计划时，为确保新住宅市街地开发事业的适当实施，在必要的限度内，可要求实施计划的变更，或工事的中止或变更，或终止处理，或要求采取其他必要措施。

3. 作为实施者的地方公共团体，在接到前项规定中的要求时，须采取必要措施变更该实施计划，或中止、变更该工事，或终止该处理及其他必要措施。

4. 当国土交通大臣进行了违法或不当的基于第三十二条第一项规定的同意处理时，为了确保建造宅地等的适当利用，在必要的限度内，可取消或变更其同意处理。

（报告、劝告等）

第四十二条 在实施此法律的必要限度内，国土交通大臣可对实施者、都道府县知事可对作为实施者的市町村分别就有关其实施的新住宅市街地开发事业要求提交报告或资料，或为促进新住宅市街地开发事业的实施而进行必要的劝告、建议或援助。

（相关公共设施等的配备）

第四十三条 国家及地方公共团体应尽力配备与新住宅市街地开发事业的实施相关的必要公共设施及公益性设施。

第四十四条 删除

（关于实施者的特例）

第四十五条 拥有新住宅市街地开发事业实施区域内政令所规定规模以上的一片土地的法人且拥有进行新住宅市街地开发事业所需资力、信用及技术能力者，可对其所有的土地及与此连结的用于公共设施的土地实施新住宅市街地开发事业。

2. 前项规定的实施者实施的新住宅市街地开发事业，不适用于第二十条第三项、第三十三条、第三十四条之二到第三十四条之四及第三十八条、第四十一条第一项中有关实施计划变更部分的规定及城市规划法第四章第二节的规定。

第四十六条 前条第一项规定的实施者欲制定实施计划时，须依据国土交通省令的规定，获得都道府县知事的同意。在欲变更时（不含欲实施国土交通省令规定的轻微变更的情况）也须同样操作。

第四十七条 第四十五条第一项规定的实施者，对违反第三十一条规定者，可解除同条中的转让契约。在此情况下，适用第三十三条第四项的规定。

第四十八条 第四十条及第四十二条关于市町村的部分，适用于第四十五条第一项的法人。

2. 关于第四十五条第一项中规定的实施者实施的新住宅市街地开发事业，在认为其事业违反了此法律或基于此法律的命令，或违反了实施计划或处分计划时，或有其他监督之需时，都道府县知事可以检查其事业状况。

3. 若第四十五条第一项规定中的实施者不依据第四十一条第一项命令时，都道府县知事可取消城市规划法第五十九条第四项的认可。

（不动产登记法特例）

第四十九条　关于事业地内的土地及建筑物的登记，可以通过政令制定不动产登记法（二〇〇四年法律第一百二十三号）特例。

（权限的委任）

第四十九条之二　此法律中规定的国土交通大臣的权限，可依据国土交通省令的规定，将其中一部分委任给地方整备局长或北海道开发局长。

（事务分类）

第五十条　依据此法律的规定，地方公共团体处理的事务中，以下所示为第一号法定受托事务。

一、都道府县依据第二十七条第二项规定处理的事务（仅限于都道府县或地方住宅供给公社（除市单独设立的情况）实施的新住宅市街地开发事业的相关事务）。

二、都道府县依据第三十二条第一项和第三十四条第三项及第四项的规定处理的事务（仅限于都道府县或地方住宅供给公社（除市单独设立的情况）实施的新住宅市街地开发事业的相关事务）。

三、市町村依据第三十四条第二项的规定处理的事务（仅限于都道府县或地方住宅供给公社（除市单独设立的情况）实施的新住宅市街地开发事业的相关事务）。

2. 依据第三十四条第二项的规定，市町村处理的事务（仅限于地方公共团体（除都道府县）、地方住宅供给公社（仅限于市单独设立的情况）或第四十五条第一项规定的实施者实施的新住宅市街地开发事业的相关事务），为地方自治法第二条第九项第二号规定的第二号法定受托事务。

（对政令的委任）

第五十一条　除此法律中的特别规定外，依据此法律应进行公告的方法及其他关于此法律实施的必要事项由政令制定。

第四章　罚则

第五十二条及第五十三条　删除

第五十四条　第四十五条第一项规定的法人实施者违反第三十条第一项的规定，将建造设施等不依据此法律或处理计划进行处理时，将对做出此行为的干部或职员处以一年以下的徒刑或五十万日元以下的罚款。

第五十五条　符合以下各号所示任何之一者，将被处以六个月以下徒刑或二十万日元以下的罚款。

一、违反第三十一条的规定，建筑了用于同条规定用途外的建筑物者。

二、违反第三十二条第一项的规定，在未获得同项所示权利的设定或转移的同意，而将建造宅地等或建造宅地等的宅地上所建的建筑物交付给权力者的人。

三、依据第三十二条第四项的规定，须在一定期限内建筑一定用途的建筑物者，违反此条件，建筑了用途不同之建筑物者。

第五十六条 违反第三十四条第四项或第三十四条之二第二项的规定，移动、撤除、污损或损坏了第三十四条第三项或第三十四条之二第一项规定的标识者，将处以二十万日元以下的罚款。

第五十七条 第四十五条第一项规定的法人实施者属于以下各号所示之一时，将对该行为的干部或职员处以二十万日元以下的罚款。

一、违反第四十一条第一项规定中都道府县知事的命令时。

二、依据第四十二条规定，被要求提交报告或资料而不提交或提交虚假报告或资料时。

三、拒绝或妨碍都道府县知事依据第四十八条第二项规定的检查时。

第五十八条 对第三十二条第一项的同意进行虚假申请者，将被处以五十万日元以下的过失罚款。

第五十九条 在以下各号所示的任何一种情况下，第四十五条第一项规定中的实施者将被处以二十万日元以下的过失罚款。

一、违反第三十七条第一项规定，不备置账簿或不在此账簿上记载应记事项，或进行不实记载时。

二、违反第三十七条第二项规定，拒绝账簿的阅览时。

第六十条 法人的代表者或法人或个人的代理人、雇佣者或其他从业者，对此法人或个人的业务、财产做出了违反第五十四条、第五十五条或第五十七条规定的行为时，除惩罚行为者外，还将对此法人或个人课以本条的各类罚款。

附则（略）

第八节　有关大都市区域促进住宅以及住宅用地供给的特别措施法 ❶

第一章　总则

（目的）

第一条 本法律的目的，为促进大都市区域住宅及住宅用地供给，在制定住宅市街地开发整备方针的同时，通过采取对土地规划整理促进区域及住宅街区整备促进区域内的住宅用地整备及与此并行的中高层住宅建设及都心共同住宅供给事业制定必要事项等特别措施，谋求住宅及住宅用地的大规模供给及良好住宅街区的整备，为大都

---

❶ 立法文号为一九八二年七月十六日法律第六十七号，译文版本为二〇一四年六月一三日法律第六九号。

市的有序发展做出贡献。

（定义）

第二条　下列术语在本法律中的意义，由各条术语相对应的条文来确定。

一、大都市区域：位于首都区域（只限于存在特别区的区域）以及市町村范围内的区域，其全部或部分为首都圈整备法（一九五六年法律第八十三号）第二条第三项所规定的已有街区或同条款第四项所规定的近郊整备地带，近畿圈整备法（一九六三年法律第一百二十九号）第二条第三项所规定的既有都市区域，或同条款第四项所规定的近郊整备区域，或中部圈开发整备法（一九六六年法律第一百零二号）第二条第三项所规定的都市整备区域。

二、市街化区域：城市规划法（一九六八年法律第一百号）第七条第一项所规定的市街化区域。

三、土地规划整理事业：土地规划整理法（一九五四年法律第一百一十九号）所规定的土地规划整理事业。

四、住宅街区整备事业：依据本法律规定所从事的土地规划形态与性质变更、公共设施的新建与变更以及共同住宅建设的相关事业以及附带事业。

五、都心共同住宅供给事业：在居住功能低下的大都市区域，有必要提升市中心及其周边区域的居住功能。在国土交通省发布命令所确定的土地范围内，依据该法律规定进行共同住宅建设以及管理、转让的相关事业，以及建设对共同住宅居住者之共同福利所必不可少的便利设施，如集会设施、购物设施（第一百零一条第二部分第二项以及第三部分所指设施）及与上述设施相关的整备事业及其附带事业。

六、公共设施：土地规划整理法第二条第五项所规定的公共设施。

七、宅地：土地规划整理法第二条第六项所规定的宅地。

八、借地权：借地借家法（一九九一年法律第九十号）第二条第一号所规定的借地权。

九、农地等：生产绿地法（一九七四年法律第六十八号）第二条第一号所规定的农地等。

十、集合农地区：农地等应当集中的土地区域。

十一、义务教育设施用地：新增供给义务教育设施用地或其替代土地。

十二、公营住宅等：政令所规定的地方公共团体、地方住宅供给公社等公法上的法人，为向出于自住需求的个人进行租赁或转让目的而建设的住宅。

（国家以及相关地方公共团体的责任、义务）

第三条　国家及相关地方公共团体必须基于大都市区域住宅需求及供给的长远目光，为确保新增住宅及住宅用地的供给，致力于实施相当规模的住宅市街地的开发整备事业及必要措施。

2.国家及相关地方公共团体，除前项所确定的责任和义务外，还应努力促进大城市区域土地有效利用，并抑制投机性交易。为促进住宅以及住宅用地的供给，须在必要的税制方面以及其他方面采取相应措施。

第二章　住宅市街地开发整备方针等

（住宅市街地开发整备方针）

第四条　在国土大臣指定的大都市区域（含其周边自然性及社会性关系密切区域）的城市规划区域中，为促进住宅及住宅用地供给，谋求良好住宅市街地的开发整备，在城市规划中制定的住宅市街地开发整备方针应明确以下事项：

一、相关城市规划区域内的开发整备住宅街区的目标以及优质住宅街区的整备或开发方针。

二、该城市规划区域内的以下①或①和②所示地区以及该地区的整备或开发规划概要。

① 位于市街地区域内，应一体化、综合性整备或开发为良好住宅市街地且具备相当规模地区。

② 经过对市街化区域的市街化状况等考察，被认为适合有规划地开发成良好住宅市街地、且是城市规划法第七条第一项规定的市街化调整区域中的具备相当规模的地区。

2.住宅市街地开发整备方针，必须与住生活基本法（二〇〇六年法律第六十一号）第十七条第一项中所规定的都道府县规划中的与同条第二项第六号所表明事项的相关部分相符。

3.国家以及地方公共团体，按照第一项住宅市街地开发整备方针，为了促进同项第二号地区内的良好住宅市街地的开发整备，必须努力采取必要措施促进以下事业的发展：第五条第一项所规定的土地规划整理促进区域、城市规划法第十二条第四部分第一项第一号所规定的地区规划以及其他城市规划决策、住宅市街地开发整备相关事业实施、良好住宅市街地开发整备以及与此项相关的公共设施的整备。

（监视区域的指定）

第四条之二　都府县知事或地方自治法（一九四七年法律第六十七号）第二百五十二条之十九第一项的指定都市（以下统称"指定都市"）的长官，在前条第一项第二号地区地价急速上升，或有上升危险，由此导致该区域的土地合理利用出现困难时，应根据国土利用规划法（一九七四年法律第二十九号）第二十七条之六第一项的规定，尽可能指定监视区域。

第三章　土地规划整理促进区域

（有关土地规划整理促进区域的城市规划）

第五条　在大都市地域的市街化区域内，符合以下条件的地区，可在城市规划中划定为土地规划整理促进区域。

一、具备一体化开发为良好住宅市街地的自然条件。

二、相关区域已经形成住宅市街地，或与确有预期形成住宅市街地的区域相接。

三、相关区域内的大部分土地尚未作为建筑用地使用。

四、零点五公顷以上规模的区域。

五、该区域大部分位于下列①或者②中所表明的地域或区域内。

① 城市规划法第八条第一项第一号中的第一种低层居住专用地区、第二种低层居住专用地区、第一种中高层居住专用地区、第二种中高层居住专用地区、第一种居住地区、第二种居住地区或准居住地区。

② 城市规划法第八条第一项第一号的临近商业地区、商业地区或同法第十二条之四第一项第一号所规定的准工业地区内已确定地区规划（仅限于与该地区规划整备、开发以及保全相关方针下所确定的住宅街区的开发）的区域内、同法第十二条之五第二项第一号所示已确定整备规划的区域。

2. 在有关土地规划整理促进区域的城市规划中，除城市规划法第十条之二第二项规定的事项外，还应尽可能制定住宅市街地开发方针。

3. 都府县或市町村在制定有关土地规划整理促进区域的城市规划时，须同步制定为了将该区域开发成为良好住宅市街地所必须的公共设施相关的城市规划。

（宅地所有者的责任与义务）

第六条 在土地规划整理促进区域内拥有所有权或借地权的人，对该区域内的宅地，必须尽可能迅速地致力于通过实施土地整理事业等措施，实现该土地规划整理促进区域的相关城市规划目标。

（建筑行为等的限制）

第七条 在土地规划整理促进区域内，需要变更土地形态和性质或翻新、改建或增建建筑物者，需根据国土交通省令的规定，获取都府县知事（如果是市内区域，则由该市长负责。次项及次条同）的许可。不过，下列行为不受此限。

一、政令规定了的通常的管理行为、简单行为以及其他行为。

二、为了应对突发性灾害而采取的必要紧急措施。

三、政令规定了的城市规划实施行为或准此类行为。

2. 在依据前项规定申请许可时，都府县知事必须许可下列行为。

一、土地形态和性质变更符合下列任意一项。

① 主要供应住宅建设之用，且规模超过0.5公顷的土地，在其形态与性质变更时，与该土地规划整理促进区域的其他土地规划整理不造成障碍。

② 次号②所规定建筑物以及个人业务用建造物（建筑物除外）的新建、翻新以及

增建，涉及土地的形态与性质变更，其规模未达到政令规定标准的。

③ 下条第四项所规定的不得收购土地上属于同条第三项第二号土地之形态和性质变更。

二、建筑物的新建、改建或增建符合下列任意一项的内容。

① 在获得前项许可（除前项第三项所表明的相关行为许可）的前提下，在土地形态与性质发生变更的区域内进行的建筑物的新建、改建以及增建。

② 自住住宅以及用于个人业务的建筑物（住宅除外），且符合以下条件的新建、改建或是增建。

（1）层数为两层以下，且没有地下室。

（2）主要结构部（指建筑基准法第二条第五号所确定的主要结构部）为木制、钢架结构、钢筋混凝土以及其他相类似结构的构造。

（3）容易移动与清除。

（4）占地面积未达到政令规定的规模。

③ 依据次条第四项被告知不许收购的土地上属于同条第三项第一号相关建筑物的新建、改建以及增建。

3. 第一项规定，自土地规划整理法第七十六条第一项各号所刊载公告出现日起，在相关公告的土地区域内不再适用。

4. 城市规划法第五十三条规定中有关市街地开发事业实施区域内限制建筑物建筑的部分，在土地规划整理促进区域内是不适用的。

（土地收购）

第八条 都府县、市町村、独立行政法人都市再生机构、地方住宅供给公社或是土地开发公社，可以向都府县知事申请确定第三项规定的土地收购申请的对象方。

2. 都府县知事基于前项规定的申请，在确定次项规定的土地收购申请的对象方时，需按国土交通省令的规定，发布相应的公告。

3. 都府县知事（根据前项规定，作为被公告对象的土地收购申请的卖方存在时，即卖方）应对下列各项行为之一，若未获得前条第一项许可时，可以该土地利用遭到明显阻碍为由，对土地收购申请，如无特殊原因，应允许以时价向土地所有者购入该土地。

一、与前条第二项第二号②中的（1）至（3）所示条款相关的建筑物的新建、改建或者增建。

二、在前号规定的用于建筑物的新建、改建或者增建之用的土地上，进行土地形态与性质的变更。

4. 接受前项申请者，须迅速将相关土地收购与否的要旨通知该土地所有者。

5.依据第二项规定，被告知为土地收购申请的对象方，在依据前项规定就不收购土地的要旨发出通知时，须立即通知都府县知事。

（被收购土地的利用）

第九条　依据前条第三项的规定收购土地者，应尽可能为下列设施提供便利：相关土地的公营住宅或义务教育设施、医疗设施、社会福利设施，以及其他为居住者的共同福祉提供便利的必要设施。

第四章　特定土地规划整理事业

（特定土地规划整理事业）

第十条　土地规划整理促进区域内相关土地的土地规划整理事业（以下称"特定土地规划整理事业"）的相关内容，以土地规划整理法以及该章规定为准。

（市町村的责任与义务等）

第十一条　土地规划整理促进区域内的土地，在与土地规划整理促进区域相关的城市规划所系城市规划法第二十条第一项规定的告示日的两年以内，如果没有取得土地规划整理法第四条第一项、第十四条第一项或第二项或五十一条之二第一项所规定的批准，或关于符合第七条第二项第一号①行为的同条第一项所规定的许可时，市町村应实施特定土地规划整理事业，除非存在实施障碍。

2.在土地规划整理促进区域内的宅地上，相当数量的所有权者以及借地权者，对相关区域内的土地实施特定土地规划整理事业提出请求时，当相关宅地的所有权者或借地权者被认定为难以或不适宜实施特定土地规划整理事业时，以及存在其他特殊情况时，即便在前项规定期间内，市町村仍然可以实施特定土地规划整理事业。

3.在前两项情况下，都府县在与相关市町村协议后，可以实施该协议规定的特定土地规划整理事业。当特定土地规划整理事业可以由独立行政法人都市再生机构或地方住宅供给公社实施时，独立行政法人都市再生机构或地方住宅供给公社亦应如此。

（实施地区）

第十二条　在特定土地规划整理事业的事业规划方面，实施特定土地规划整理事业的土地区域（以下本章称"实施地区"），须按照规定不阻碍相关土地规划整理促进区域中的其他特定土地规划整理事业的实施。

（共同住宅区）

第十三条　在特定土地规划整理事业的事业规划方面，依据国土交通省令的规定，可以确定新的共同住宅用地区域（以下本章称"共同住宅区"）。

2.从土地利用看，共同住宅区必须位于共同住宅建设最理想的位置。从共同住宅建设角度看，其面积应具备相当规模。

（共同住宅区的换地申请）

第十四条 根据前条第一项规定，在事业规划中共同住宅区被划定时，属于实施地区内的宅地，其规模达到标准、规约、条款或实施规程所定要求，使其能作为建设共同住宅所必要土地面积的换地时，其所有者可以根据如下所示情况，自公告公布日起六十日内，根据国土交通令的规定，可以向特定土地规划整理事业实施者申请要求在换地计划中将该宅地的换地指定在共同住宅区内。但，对于该申请所系宅地，如果有人拥有以持有共同住宅为标的的租地权时，该申请必须征得该人的同意。

一、事业规划已确定时，第七条第三项所规定的公告（不包括事业规划变更公告或事业规划变更的相关认可）。

二、在事业规划变更所导致的新的共同住宅区被确定时，相关事业规划变更公告或相关事业规划变更认可公告。

三、事业规划的变更导致实施区外的土地被新编入实施区内，在与此相伴的共同住宅区面积扩大的情况下，相关事业规划变更公告或相关规划变更的认可公告。

2. 实施者在依据前项规定出现申请的情况下，经确认相关宅地符合下列情况时，应迅速在共同住宅区内指定和申请相关宅地的换地，经确认申请的相关宅地不符合下列情况时，应做出不同意该申请的决定。

一、不存在建筑物及其他建造物（除政令所规定的容易转移或去除的物类）的情况。

二、不存在地上权、永久耕种权、租赁权以及其他有关该宅地的使用或获取收益权（除以共同住宅所有为目的的借地权及地役权）的情况。

3. 实施者在依据前项规定指定或决定时，对依据第一项规定提出申请的人，应及时通知其相关的要旨。

4. 实施者在依据第二项规定进行指定时，应及时就相关要旨发布公告。

（宅地共有化）

第十五条 在依据第十三条规定确定事业规划方面的共同住宅区时，在实施区内且土地面积未达到指定规模的所有者，在前条第一项规定的期间内，可以对实施者就换地规划相关的宅地提出不指定换地而给予共同住宅内土地的共有部分的申请。但若该宅地中存在他人权利（限于可使用建筑物及其他建造物，或由此获得收益的权利）目标的建筑物以及其他建造物时，相关申请必须征得相关人员的同意。

2. 为了使相关宅地土地的总面积达到指定规模，依据前项规定的申请，应根据国土交通省令的规定，多人共同进行。

3. 在出现依据第一项规定的申请时，实施者确认了相关申请的手续不违反前项规定且申请相关的宅地符合下列要件时，应迅速把相关宅地指定为不需换地且获取了共同住宅区内土地共有部分的宅地，在确认了相关申请的宅地不符合下列要件时，应迅速做出不同意该申请的决定。前项第三条以及第四项的规定适用于该情况。

一、不存在建筑物及其他建造物（不包括政令规定的容易除去的物类）。

二、不存在地上权、永久耕种权、租赁权等其他使用该宅地，或获取收益的权利（地役权除外）。

（共同住宅区的换地等）

第十六条 第十四条第二项规定所指定的宅地，须按照换地规划将换地定在共同住宅区内。

2. 依据前项第三项规定所指定的宅地，在换地规划中不指定换地，而应给予共同住宅区土地的共有部分。

3. 在依据前项规定不指定换地而给予共同住宅区土地的共有部分时，在此种情况下进行清算时，土地规划整理法第九十四条的"或关于该宅地存在的权力标的的宅地或其一部分，以及换地或关于该换地而定下的权利标的的宅地或其一部分，或是第八十九条之四或第九十一条第三项规定的应该共有的土地"，换读为"以及根据有关大都市区域促进住宅以及住宅地供给的特别措施法第十六条第二项规定，应该多人共有的土地"。

4. 根据第二项规定，在换地规划中确定获得共同住宅区内土地的共有部分的宅地所有者，从依据土地规划整理法第一百零三条第四项发布公告的翌日起，依据换地规划的规定，获得该土地的共有部分。同法第一百零四条第六项适用于该情况。

（集合农地区）

第十七条 在特定土地规划整理事业的事业规划中，可根据国土交通省令的规定，确定集合农地区。

2. 集合农地区不能超过实施地区土地面积的约百分之三十，且必须是符合以下条件的土地区域，或是实施特定土地规划整理事业后可符合以下条件的土地区域。

一、具有防止公害、灾害以确保良好生活环境的作用，且适合用于公共设施（指生产绿地法第二条第二号规定的公共设施）等用地的一片农地等区域。

二、综合考虑用水、排水等其他状况，具备农林渔业持续发展的可能性条件。

三、大致五百平方米以上规模的区域。

3. 欲实施特定土地规划整理事业者（市町村除外），或欲设立土地规划整理公会者或实施者（市町村除外），在事业规划中欲确定集合农地区时，须预先听取市町村长的意见。

（集合农地区的换地申请等）

第十八条 依据前条第一项规定，在事业规划中确定集合农地区时，实施区内的农地等宅地所有者，按照下列各项的区分，在相关各项刊载的公告公布日起六十日内，可以依据国土交通省令的规定，可申请要求在换地规划中将该宅地的换地定在集合农地区内。但若存在附属于相关宅地的永久耕种权、租赁权以及其他使用宅地或据此获得收益的权益者时，相关申请须征得该权益人的同意。

一、事业规划已确定时第七条第三项所规定的公告（事业规划变更公告或相关事业规划变更相关公告除外）。

二、依据事业规划新确定的集合农地区相关事业规划变更公告或相关事业规划变更相关认可公告。

三、由于事业规划变更，实施区外的土地新编入实施区内而导致集合农地面积扩大时，相关事业规划变更公告或相关事业规划变更相关认可公告。

2.实施者在出现依据前项规定提出的申请时，若相关宅地的换地面积大致可以确定为五百平方米，或实施过程中确定其规模更大时，同项期限过后，应迅速将申请相关宅地的换地指定在集合农地区内。但从相关宅地总面积及集合农地区的面积看，若难以指定全部相关宅地，则可依据相关规程，以公正的方法遴选，指定相关的一部分宅地。

3.依据第一项规定提出的申请所系宅地的总面积未达到前项基准或实施规程所规定的规模时，实施者须作出不同意该申请的决定。对于经同项补充条例规定的遴选而决定对其不作指定的宅地，同样如此。

（集合农地区的换地）

第十九条　前条第二项规定下所指定的宅地，必须按照换地规划将换地定在集合农地区内。

（义务教育设施用地）

第二十条　在特定土地规划整理事业的换地规划方面，除了土地规划整理法第九十五条第三项规定情况之外，为了设置义务教育设施以满足该换地规划区域内的居住者的便利性，可将一定的土地不作为换地，而作为义务教育设施用地。在该情况下，相关土地被视作换地规划下的换地。

2.实施者依据前项规定，欲在换地规划中确定义务教育设施用地时，须预先就占地面积问题同义务教育设施的设置义务者协商。

3.关于第一项义务教育设施用地，在换地规划中，与应以金钱清算的数额相关时，可以有特别的规定。

4.土地规划整理法第九十五条第七项规定，适用于当根据第一项或前项规定欲在换地规划中作特别规定的时候。同法第一百零四条第九项的规定，适用于根据第一项规定在换地规划中指定的换地。

（公营住宅等以及医疗设施等用地）

第二十一条在根据土地规划整理法第三条第四项、第三条之二或第三条之三的规定实施特定土地规划整理事业的换地规划中，为了给公营住宅和以下设施提供用地，可以将一定的土地不设定为换地，而定为保留地。如医疗设施、社会福祉设施、教养文化设施，以及其他能够为居住者提供共同福祉或便利性的必要设施且由国家、地方公共团体及其他政令规定的人或单位设置的设施（公共设施除外）。在该情况下，相关土地的面积问题，必须征得拥有所有权、地上权、永久耕种权、租赁权以及其他使用宅地或者获取收益者的同意。

2. 土地规划整理法第一百条第十一项以及第一百零八条第一项的规定，适用于依据前项规定的换地规划所确定的保留地。

3. 实施者处理第一项规定的换地规划所确定的保留地时，必须在土地规划整理法第一百零三条第四项规定的公告日起，向先前的宅地所有权、地上权、永久耕种权、租赁权拥有者以及其他拥有使用宅地并获得收益者，按照政令规定的基准，支付相关保留地的等价价格。同法第一百零九条第二项的规定适用于该情况。

（有关申请受理者的特例）

第二十二条　若实施者是依据土地规划整理法第十四条第一项规定所设立的土地规划整理公会，则最初的干事被选出或被选任前，依据第十四条第一项、第十五条第一项或是第十八条第一项规定的申请，应由同法第十四条第一项规定的获得许可者受理。

（土地规划整理法的适用等）

第二十三条　土地规划整理法第八十五条第五项的规定，适用于该章规定的处分以及决定。

2. 关于特定土地规划整理事业相关的土地规划整理法第一百二十三条至一百二十六条以及第一百二十七条之二、第一百二十九条、第一百四十四条以及第一百四十五条的规定的适用问题，本章的规定可视为同法的规定。

第五章　住宅街区整备促进区域

（住宅街区整备促进区域相关城市规划）

第二十四条　在大都市地区内的市街化区域里，符合如下条件的区域，在城市规划中可确定为住宅整备促进区域。

一、在城市规划法第八条第一项第三号的高度利用地区内，且相关区域的大部分位于下列①或①和②所示区域内。

① 城市规划法第八条第一项第一号的第一种中高层住居专用地区或第二种中高层住居专用地区。

② 下列（1）或（2）所示地域或区域。

（1）城市规划法第八条第一项第一号的第一种居住地区、第二种居住地区或准居住地区。

（2）城市规划法第八条第一项第一号的临近商业地区、商业地区或是准工业地区内的同法第十二条之四第一项第一号规定的地区规划（仅限于在关于相关地区规划的整备、开发以及保全方针下确定的住宅街区整备事项）确定的区域内，同法第十二条之五第二项第一号所示地区整备规划确定的区域（相关地区整备规划下，作为限制建筑物用途的建筑基准法做了如下限制：规定不得再建造别表第二项所规定的建筑物，而且同法第六十八条之二第一项规定基础上的条例限制了建筑物用途，规定了不得再建造同表所揭示的建筑物）。

二、相关区域内的大部分土地未用作建筑物以及其他建造物的用地。

三、零点五公顷以上规模的区域。

四、将相关区域整备为住宅街区，有助于增进都市机能、缓和住宅不足。

2.在住宅街区整备促进区域相关城市规划中，除城市规划第十条之二第二项所规定的事项外，还应尽可能制定住宅街区整备方针。

3.都府县或市町村在制定住宅街区整备促进区域相关城市规划时，须同步制定为了将该区域开发成为良好住宅市街地所必须的公共设施相关的城市规划。

（宅地所有者等的责任与义务）

第二十五条　住宅街区整备促进区域内的宅地所有权或借地权的拥有者，必须尽可能迅速地通过住宅街区整备事业的实施等，达成相关住宅街区整备促进区域的城市规划目标。

（建筑行为等的限制）

第二十六条　在住宅街区整备促进区域内变更土地形态与性质，或新建、改建、增建建筑物以及其他建造物，须根据国土交通省令的规定，获得都府县知事（在市区域内，则为该市长。次项相同）的许可。但下列行为不在此限。

一、政令所规定的通常的管理行为、简单行为及其他行为。

二、为应对非常灾害而采取的必要应急措施。

三、实施城市规划事业的行为或政令规定的与此等同的行为。

2.下列行为按照前项规定提出许可申请时，都府县知事应予以许可。

一、土地形态与性质变更符合以下任一情况。

①为了新建符合住宅街区整备促进区域相关城市规划的建筑物而作的土地形态与性质的变更，且不会妨碍该住宅街区整备促进区域其他相关住宅街区整备事业的实施。

②在住宅街区整备促进区域相关城市规划法第二十一条第一项规定的告示日，该区域内宅地的所有权者或借地权者或一般继承人，因次号②规定的建筑物的新建、改

建或增建而作的土地形态与性质的变更，且规模未达到政令的规定。

③在根据适用于次条的第八条第四项的规定而发出不收购通知的土地上进行的形态与性质的变更。

二、建筑物的新建、改建或增建符合下列任一情况。

① 建筑物的新建符合住宅街区整备促进区域的相关城市规划。

② 前号②规定的人员在自住的住宅或自己业务用建筑物上（住宅除外）进行的新建、改建或增建，并符合第七条第二项第二号规定的条件。

③ 在根据适用于次条的第八条第四项规定而发出不收购通知的土地上进行的符合同条第三项第一号的建筑物的新建、改建或增建。

3. 第一项规定从第六十七条第一项各号所示公告发出日起，在公告相关的土地区域内不适用。

4. 城市规划法第三十五条规定的市街地开发事业实施区域内限制建筑物建设的规定，以及同法第五十七条规定的市街地开发事业实施区域内限制土地有偿转让的部分，在住宅街区整备促进区域内不适用。

（土地买入等）

第二十七条　第八条及第九条的规定，适用于住宅街区整备促进区域内土地的买入以及买入土地的利用。在此情况下，第八条第三项之"前条第一项许可"，可理解为"第二十六条第一项许可"。

第六章　住宅街区整备事业

第一节　总则

（定义）

第二十八条　该章内，下列用语的意义，以相应各号的内容为准。

一、实施者，是指住宅街区整备事业的实施者。

二、实施地区，是指实施住宅街区整备事业的土地区域。

三、实施区域，是指依据城市规划法第十二条第二项规定，城市规划中确定的住宅街区整备事业的实施区域。

四、设施住宅，是指由住宅街区整备事业建设且事业实施者拥有处理权限的共同住宅及其附带设施。

五、设施住宅用地，是指属于一个设施住宅用地的一片土地。

六、设施住宅的一部分，是指作为建筑区分所有等相关法律（昭和三十七年法律第六十九号）第二条第一项规定的区分所有权标的的设施住宅的一部分（包括同条第四项规定的共有部分的持有份额）。

七、设施住宅的一部分等，是指设施住宅的一部分以及相关设施住宅所在设施住宅用地的共有部分。

（住宅街区整备事业的实施）

第二十九条 住宅街区整备促进区域内的宅地上的所有权者或借地权者，可以一人或数人在相关权利目标所在的宅地上，或在该宅地以及一定区域内的宅地外的土地上，实施住宅街区整备事业。

2. 所有权者或借地权者在住宅街区整备促进区域内的宅地上所设立的住宅街区整备公会，可以在包括相关权利目标宅地内的一定区域内，实施住宅街区整备事业。

3. 都府县、市町村、独立行政法人都市再生机构或是地方住宅供给公社，可以在实施区域内的土地上实施住宅街区整备事业。

（市町村的责任与义务等）

第三十条 市町村在住宅街区整备促进区域内的土地上，从与相关住宅街区整备促进区域相关城市规划法第二十一条第一项所规定的告示日算起，在两年以内，依据第三十三条第一项或第三十七条第一项规定未被许可的情况下，只要不存在实施障碍，应当实施住宅街区整备事业。

2. 在住宅街区整备促进区域内的宅地上相当数量的所有权者或是借地权者，要求在相关区域内的土地上实施住宅街区整备事业时，住宅街区整备促进区域内的宅地所有权者或是借地权者被认定为实施住宅街区整备事业存在困难或不适合时，或存在其他特别情况时，市町村可以实施住宅街区整备事业。

3. 在前两项情况下，都府县、独立行政法人都市再生机构或地方住宅供给公社，可以在与市町村协议的基础上，实施符合这些规定的住宅街区整备事业。

（有关住宅街区整备事业的城市规划）

第三十一条 根据城市规划法第十二条第二项的规定，在城市规划中应该确定的住宅街区整备事业的实施区域，必须在住宅街区整备促进区域内。

2. 住宅街区整备事业相关城市规划中，除城市规划法第十二条第二项所定的事项，应当确定公共设施的配置及规模，以及设施住宅建设的相关规划。

3. 住宅街区整备事业的相关城市规划，必须按照下列各号的规定来制定。

一、如果确定了与道路、公园、下水道以及其他设施相关的城市规划，应与该城市规划相匹配。

二、该区域应该成为布局合理、规模适当、配备有公园及其他公共设施的良好居住环境。

三、设施住宅建设相关规划的制定，应考虑宅地的有效利用以及确保中高层住宅的良好居住环境，使设施住宅具备与城市规划相关区域相匹配的容积，且在用地内拥有相当规模的空地。

（作为城市规划事业而实施的住宅街区整备事业）

第三十二条　在实施区域内的土地上进行的住宅街区整备事业，应作为城市规划事业实施。

2. 城市规划法第六十条至第七十四条的规定，不适用于作为城市规划事业而实施的住宅街区整备事业。

第二节　实施者

第一款　个人实施者

（实施的认可）

第三十三条　依据第二十九条第一项规定欲实施住宅街区整备事业者，若单人实施，则制定相应的基准及事业规划，若数人共同实施，则要制定相应的规章及事业规划，必须依据国土交通省令的规定，就相关住宅街区整备事业的实施获得都府县的认可。

2. 前项规定的认可申请，必须经由管辖实施区域的市町村长。

3. 都府县知事，欲进行第一项规定的认可时，须预先听取管辖实施地区的市町村长的意见。

4. 关于第二十九条第一项规定的实施者（本章以下部分以及第八章称为"个人实施者"）就实施区域内的土地实施住宅街区整备事业的情形，可以把第一项规定的认可视作城市规划法第五十九条规定的认可。但同法第七十九条、第八十条第一项、第八十一条第一项以及第八十九条第一项规定的适用问题，不受此限。

（基准或规章）

第三十四条　在前条第一项基准或规章中（基准可除去第五号至第七号）必须记载如下事项。

一、住宅街区整备事业的名称。

二、实施地区（将实施地区分为工区时，实施地区以及工区）内的地区名称。

三、住宅街区整备事业的范围。

四、事务所的所在地。

五、费用分担的相关事项。

六、选定业务代表时，其职业名称、定额、任期、所分担职务以及选任方法相关事项。

七、会议相关事项。

八、事业年度。

九、公告方法。

十、其他政令确定的事项。

（事业规划）

第三十五条 在第三十三条第一项的事业规划中，依据国土交通省令的规定，必须确定实施地区（将实施地区分为工区时，实施地区以及工区）、设计概要、事业实施期限、资金规划、建设设施住宅土地的区域（以下各章称为"设施住宅区"）以及设施住宅内的预定户数。

2. 在事业规划中，可以依据国土交通省令确定以下事项。

一、作为建筑物及其他建造物用地而被利用的宅地，或准宅地，作为其换地的土地区域（本章以下称"既有住宅区"）。

二、集合农地区。

3. 在事业规划方面，实施地区应严格按照实施区域划定的范围，其面积为零点五公顷以上，而且不应影响相关住宅街区整备促进区域内其他部分的住宅街区整备事业的实施。应妥善制定事业实施期间。设施住宅区面积大致为实施地区面积的百分之四十。设施住宅内的住宅规模必须符合劳动者住宅的基本要求。

4. 第十七条第二项以及第三项规定适用于事业规划中确定集合农地区的情况。

5. 事业规划要适合住宅街区整备促进区域相关的城市规划，而且，当公共设施及其他设施或者住宅街区整备事业相关的城市规划已确定时，必须适合该城市规划。

6. 事业规划设定所需必要的技术基准，以国土交通省令为准。

（土地规划整理法的适用）

第三十六条 土地规划整理法第七条规定适用于第三十三条第一项欲制定事业规划者的内容，同法第八条规定关于适用于第三十三条第一项规定的欲申请认可者的内容，同法第九条至第十三条（第九条第二项以及第十三项第二项除外）的规定适用于第二十九条第一项规定的住宅街区整备事业的内容。

第二款 住宅街区整备公会

（设立的认可）

第三十七条 欲设立第二十九条第二项规定的住宅街区整备公会（本章以下称为"公会"）者，必须五人以上共同确定章程以及事业规划，并依据国土交通省的规定，获得都府县知事的认可。

2. 第三十三条第二项以及第三项的规定，适用于都府县知事欲依据前项规定实施认可的情况。

3. 关于公会就实施区域内土地实施住宅街区整备事业，以第一项规定的认可视为城市规划法第五十九条第四项的规定。第三十三条第四项补充条款的规定，适用该情况。

（章程）

第三十八条 前条第一项的章程中，必须记载如下事项。

一、公会名称。

二、实施地区（将实施地区分为工区时，实施地区及工区）内的地区名称。

三、事业范围。

四、事务所的所在地。

五、有关公会会员的相关事项。

六、费用分担相关事项。

七、役员的定额、任期、职务分担以及选举与选任方法的相关事项。

八、大会相关事项。

九、设置总代会时，总代表以及总代会相关事项。

十、事业年度。

十一、公告方式。

十二、其他政令规定的事项。

（事业规划）

第三十九条　第三十五条规定适用于第三十七条第一项事业规划。

（公会的法人格）

第四十条　公会属于法人。

（名称的使用限制）

第四十一条　公会必须将住宅街区整备公会字样用于其名称中。

2.非公会不可以在其名称中使用住宅街区整备公会字样。

（公会员）

第四十二条　在公会实施的住宅街区整备事业相关的实施地区内，其宅地的所有权者以及借地权者全部为该公会的会员。

2.土地规划整理法第二十五条第二项的规定适用于前项规定。

（参加公会员）

第四十三条　除前条第一项所规定者外，地方公共团体、独立行政法人都市再生机构、地方住宅供给公社以及其他以住宅建设及租赁或转让行为为主要目的之一的法人，符合政令规定，希望参加公会实施的住宅街区整备事业，并且为章程所确定者，可作为"参加公会会员"成为公会会员。

（总会的组织）

第四十四条　公会的总会由总组会员组织。

（总会的决议事项等）

第四十五条　下列事项必须经过总会决议。

一、章程的变更。

二、事业规划的变更。

三、借入金的借入与方法以及借入金利率及偿还方法。

四、经费的收支预算。

五、除了以预算确定的事项之外需由公会负担的契约。

六、税金金额及税金征收方法。

七、换地规划。

八、暂定换地的指定。

九、保留地以及公会依据事业实施所取得的设施住宅的一部分等的处理方法。

十、事业交接许可。

十一、第一百条第一项的管理规章。

十二、其他章程确定的事项。

2. 土地规划整理法第三十二条第一项至第八项的规定适用于总会召集的相关规定，同法第三十三条规定适用于总会议长的相关规定。

（总会会议以及议事）

第四十六条　总会会议，除章程有特别规定外，公会会员半数以上出席方可召开。会议议事，除章程有特别规定外，出席者过半数的决议权有效。同意和反对数量相同时，由议长决定。

2. 前条第一项第一号以及第二号列出事项中有政令规定的重要事项，同项第十号以及第十一号列出的事项以及关于决定解散公会与合并的总会议事，不管前项规定如何，公会会员三分之二以上出席，出席者表决数超过三分之二，且实施地区内的宅地所有权者以及借地权者出席者的表决人数超过三分之二时才有决议权。土地规划整理法第十八条后段的规定适用于该情况。

3. 土地规划整理法第三十四条第三项的规定适用于总会议事的相关事项。

（总会的小组会）

第四十七条　若公会的实施地区被工区分割，则通过总会决议，在各工区设立总会的小组会，关于工区内的宅地及建筑物，第四十五条第一项第七号至第九号及第十一号所示总会权限可下放至小组会。

2. 总会的小组会，应由小组会所在工区的相关公会会员组成。

3. 前条第一项及第二项、土地规划整理法第三十二条第二项至第五项及第八项、第三十三条以及第三十四条第三项的规定，适用于总会小组会的相关事项。

（总代会）

第四十八条　公会会员人数超过五十人的公会，为代行总会的权限可以设立总代会。

2. 总代会是以总代表组织起来的组织，总代表定额在不低于公会会员总数十分之一的范围内由章程确定。但公会会员数超过二百人的公会，其总代表定额二十人以上即可。

3.总代会代行总会行使的权限,但下列总会权限事项除外。

一、理事以及监事的选举与选任。

二、必须依照第四十六条第二项规定决议的事项。

4.第四十六条第一项以及土地规划整理法第三十二条(第七项、第九项以及第十项除外)第三十三条(除第四项但书)以及第三十四条第三项规定适用于总代会的相关事项,同法第三十六条第五项规定适用于设置了总代会的公会,同法第三十七条规定适用于总代表的相关事项。

(决议权以及选举权)

第四十九条　公会会员以及总代表,除章程特别规定的情况,各自拥有一个议决权以及选举权。

2.在实施地区内的宅地上兼有所有权与借地权的公会会员,就第四十六条第二项规定的决议事项,不受前项规定的限制,作为拥有宅地所有权的公会会员,以及拥有借地权的公会会员,分别拥有决议权,其有关总代表的选举权亦然。

3.公会会员可以书面或代理人,总代表可以书面行使决议权以及选举权。

4.依据前项规定行使议决权以及选举权者,适用于第四十六条第一项(包含第四十七条第三项以及前条第四项之适用情况)以及第二项(包含第四十七条第三项之适用情况)的规定,为出席者。

5.代理人不可以同时代理五人以上的公会会员。

6.土地规划整理法第三十八条第六项规定适用于代理人的相关事项。

(税金、负担金等)

第五十条　公会为了满足该事业必要的经费,可以以税金的形式对"参加公会会员"以外的公会会员征收金额。

2."参加公会会员"必须向工会缴纳在政令规定的换地规划中所获得的设施住宅的一部分等的价额相应负担金,并分摊公会事业所需经费。

3.公会在公会会员不按时缴纳税金、负担金或分担金时,应依据章程,要求公会会员上缴滞纳金。

4.土地规划整理法第四十条第二项规定适用于税金的相关事项,同法第四十一条(第二项除外。)规定适用于税金、负担金、分摊金以及滞纳金缴纳者存在的情况,同法第四十二条规定适用于有权征收税金、负担金、分担金以及滞纳金的情况。

(土地规划整理法的适用)

第五十一条　土地规划整理法第七条的规定适用于第三十七条第一项欲确定事业规划者的相关规定,同法第十八条以及第十九条的规定适用于欲依据第三十七条第一项申请认可者的情况,同法第二十条、第二十一条(第二项以及第四项除外)第

二十四条、第二十六条至二十九条（第二十八条第八项以及第九项除外）第三十八条
之二、第三十九条（第五项除外）以及第四十三条至第五十条（第四十五条第三项以
及第五十条第二项除外）的规定适用于公会的相关事项。

第三款　都府县以及市町村

（实施规程以及事业规划的决定等）

第五十二条　都府县或市町村，在依据第二十九条第三项规定欲实施住宅街区整
备事业时，必须确定实施规程及事业规划。在此情况下，事业规划（资金规划相关部
分除外）相关的事项，必须依据国土交通省令的规定，在都府县一级须获得国土交通
大臣的认可，在市町村一级须获得都府县知事的认可。

2. 都府县或是市町村依据第二十九条第三项的规定，就实施住宅街区整备事业确
定了事业规划时，在都府县一级，获得前项规定的认可即等同于城市规划法第五十九
条第二项规定的认可；在市町村一级，获得前项规定的认可即等同于同条第一项规定
的认可。第三十三条第四项但书的规定适用于该情况。

（实施规定）

第五十三条　前条第一项的实施规定以相关都府县或市町村的条例为准。

2. 实施规定必须记载下列事项。

一、住宅街区整备事业的名称。

二、实施地区（实施地区分为工区时，实施地区以及工区）所包含的地区名称。

三、住宅街区整备事业的范围。

四、事务所所在地。

五、费用分担的相关事项。

六、实施者通过实施住宅街区整备事业获得设施住宅的一部等处理方法的相关事项。

七、在欲确定保留地时，有关保留地处理方法的相关事项。

八、住宅街区整备审议会议及其委员以及预备委员相关事项（委员报酬及费用赔
偿相关事项除外）。

九、其他政令规定的事项。

（事业规划）

第五十四条　第三十五条的规定适用于第五十二条第一项事业规划。

（住宅街区整备审议会的设置）

第五十五条　都府县或市町村依据第二十九条第三条规定实施住宅街区整备事业
时，应在都府县或市町村设置住宅街区整备审议会（本款以下称"审议会"）。

2. 土地规划整理法第五十六条第二项至第四项规定适用于审议会设置的相关事项。

（审议会组织）

第五十六条　审议会在五人至二十人的范围内，依照政令规定的基准以实施规程规定的委员数目组织。

（土地规划整理法的适用）

第五十七条　土地规划整理法第五十五条以及第五十八条至第六十五条的规定，适用于都府县或是市町村依据第二十九条第三项规定实施住宅街区整备事业的相关事项。

第四款 独立行政法人都市再生机构以及地方住宅供给公社

（实施规定以及事业规划认可）

第五十八条　独立行政法人都市再生机构（以下称作"机构"）或地方住宅供给公社（以下称作"地方公社"），欲根据第二十九条第三项规定实施住宅街区整备事业时，必须制定实施规则及事业计划，依据国土交通省令，接受国土交通大臣（市属地方公社接受都府县认可，下条称"国土交通大臣等"）的认可。

2.机构或地方公社依据第二十九条第三项的规定实施住宅街区整备事业的相关事项，在机构一级，以前项规定获得城市规划法第五十九条第三项规定的认可；在仅由市设立的地方公社一级，以前项规定的认可获得同条第一项规定的认可；在其他地方公社的级别，以前项规定的认可获得同条第二项规定的认可。第三十三条第四项但书的规定适用于该情况。

（实施规定以及事业规划）

第五十九条　机构或地方公社，在欲以前条第一项规定申请认可的情况下，必须依据第三项规定，在认可申请书上附加记载地方公共团体长官意见的文件。

2.第五十三条第二项的规定适用于前条第一项的实施规定的相关事项，第三十五条规定适用于前条第一项事业规划的相关事项。

3.机构或地方公社欲确定前条第一项事业规划时，必须就相关事业规划，预先听取其管辖区域，包含实施区域在内的地方公共团体长官的意见。

4.国土交通大臣在前条第一项规定的认可申请出现时，必须将实施规定以及事业规划进行为期两周时间的公示。

5.在相关住宅街区整备事业相关的土地或附着在该土地上的房地产，或在相关住宅街区整备事业相关水面上拥有权利人，在对依据前项规定公示的实施规定以及事业规划提出意见的情况，可以在从公示阶段后第二天算起的两周内，向都府县知事提交意见书。但城市规划确定的事项不受此限。

6.都府县知事在依据前项规定有意见书提交的情况，必须迅速就相关意见书听取都道府县城市规划审议会的意见，然后将附上该意见的意见书送交国土交通大臣。但相关意见书为市级地方公社的相关实施规则以及事业规划时，则不必送交国土交通大臣。

7.都府县知事在第五项规定的期间内，没有收到就机构或地方公社确定的实施规则及事业规划的意见书时，必须迅速地将相关意旨报告给国土交通大臣。

8. 国土交通大臣等在审查了依据第五项规定提出的意见书，并认可应该采纳该意见书的相关意见时，必须命令机构或地方公社对实施规则及事业规划进行必要的修改。在认定不应采纳该意见书的相关意见时，必须将此意旨通知意见书的提交者。

9. 关于前项规定的意见书内容的审查问题，行政不服审查法（一九六二年法律第一百六十号）中的审理异议申诉的相关规定可以适用。

10. 机构或地方公社根据第八项规定对实施规则及事业规划进行了必要的修正时（进行政令规定的轻微修正除外），应就修正相关部分，进一步履行第四项至该项的规定手续。

11. 国土交通大臣等依据前条第一项规定进行认可时，必须迅速地按照国土交通省令的规定，对实施者名称、事业实施期间、实施地区（实施地区分为工区时，实施地区以及工区。本项以下相同）及其他国土交通省令规定的事项进行公告，且向相关都府县知事以及市町村长附送标示实施地区及设计概要的图纸和文本。

12. 市町村长在第八十三条中的适用土地规划整理法第一百零三条第四项规定的公告日前，必须依据政令规定，将前项图纸和文本置于相关市町村的事务所供公众浏览。

13. 机构或地方公社在第十一项规定的公告日前，不得以实施规则以及事业规划对抗第三者。

14. 机构或者地方公社欲变更实施规则或事业规划时，必须接受国土交通大臣的认可。

15. 第一项规定适用于下列事项：就前项规定的欲申请认可的相关事项，第三项至第十项规定就欲变更实施规定或事业规划之时的相关事项（政令规定的轻微变更除外），第十一项至第十三项规定就前项规定的已认可时的相关事项。

（住宅街区整备审议会的设置以及组织）

第六十条　机构或地方公社依据第二十九条第三项的规定实施住宅街区整备事业时，在机构或地方公社设置住宅街区整备审议会（此款以下称为"审议会"）。

2. 土地规划整理法第五十六条第二项至第四项的规定适用于审议会设置的相关事项，第五十六条的规定适用于审议会组织的相关事项。

（审议会委员以及评价员的公务员身份）

第六十一条　审议会委员以及次条适用的土地规划整理法第六十五条第一项的规定而选任的评价员，适用于刑法（一九○七年法律第四十五号）及其他罚则，依据法令，以从事公务之职员对待。

（土地规划整理法的适用）

第六十二条　土地规划整理法第五十八条至第六十五条的规定，适用于机构或地方公社依据第二十九条第三项规定实施住宅街区整备事业的相关事项。

第三节　住宅街区整备事业的实施

第一款　通则

（以测量和调查为目的而进入土地等）

第六十三条　希望成为实施者或希望设立公会者或实施者，为准备实施或实施住宅街区整备事业而有必要进入他人土地进行测量或调查时，其本人或受其命者或委托者可以有限度地进入他人土地，但希望成为个人实施者或设立公会者，或个人实施者或工会仅限于获得了市町村长许可的情况下。

2. 依据前项规定，欲进入他人土地者，必须提前三天将该主旨通知给该土地的占有者。

3. 依据第一项规定，欲进入他人占有的存有建筑物，或由墙垣、栅栏等围起的土地时，欲进入该土地者，在进入时，须将进入的意图预先告知该土地占有者。

4. 日出前及日落后，除土地占有者有过承诺外，不准进入前项规定的土地。

5. 土地占有者只要没有正当理由，就不可拒绝依据第一项规定的进入行为，且不可妨碍之。

（障碍物去除以及土地勘探等）

第六十四条　依据前条第一项规定进入他人土地进行测量或调查者，在进行测量或调查之际，迫不得已需要去除成为障碍物的植物或墙垣、栅栏等（以下称"障碍物"）时，或是欲在该土地进行勘探或打孔或去除相伴随的障碍物时（以下称"勘探等"），若未征得相关障碍物或相关土地所有者及占有者的同意，可以在接受管辖相关障碍物所在地的市町村长的许可后去除该障碍物，或在接受管辖相关土地所在地的都府县知事（在市区域内欲成为个人实施者或设立公会者或个人实施者或公会欲进行勘探等行为，或依据第二十九条第三项规定要实施住宅街区整备事业的市，或欲实施住宅街区整备事业的市欲进行勘探等时，则是相关市长。本项以下以及次条第二项相同）的许可后，可以在该土地上进行勘探等。在此情况下，市町村长在准予许可时，必须给予障碍物所有者以及占有者陈述意见的机会；都府县知事欲准予许可时，必须预先给予土地或障碍物所有者以及占有者陈述意见的机会。

2. 依据前项规定欲去除障碍物者或欲对土地进行勘探等者，必须在欲去除或勘探等行为之日前三天，将该意旨通知该土地或障碍物的所有者或占有者。

3. 在欲依据第一项规定去除障碍物时（去除土地勘探或打孔所产生的障碍物的情况除外），由于相关障碍物的所有者及占有者不在场而无法征得其同意时，且在不明显损害该现状时，欲成为实施者的人，欲设立公会的人或实施者或其受命者或其委任者无论前两项的规定如何，可以接受管辖相关障碍物所在地的市町村长的许可，立即去除相关障碍物。在该情况下，去除相关障碍物后，必须迅速地将该意旨通知相关所有者以及占有者。

（证明书等的携带）

第六十五条 依据第六十三条第一项欲进入他人土地者，必须携带显示其身份的证明。欲成为个人实施者或欲设立公会者或个人实施者或公会，必须携带市町村长的许可证。

2.欲依据前条规定去除障碍物者或欲进行土地勘探等者，必须携带显示其身份的证明以及市町村长或都府县的许可证。

3.前两项规定的证明或许可证在有关人员有要求时，必须出示。

（补偿由进入土地导致的损失）

第六十六条 欲成为实施者或欲设立公会者或实施者，依据第六十三条第一项或第六十四条第一项或第三项规定的行为而对他人造成损失时，必须对受损失者按通常所受的损失进行补偿。

2.土地规划整理法第七十三条第二项至第四项的规定，适用于前项情况。

（建筑行为等的限制）

第六十七条 下列公告发布日起，至第八十三条适用土地规划整理法第一百零三条第四项规定的公告出现时，在实施地区内，土地或建筑物等其他建造物可能会成为实施住宅街区整备事业的障碍，因此欲对土地的形态和性质进行变更或对建筑物等其他建造物进行新建、改建或增建，或欲对政令规定的不易移动的物件进行设置或堆积者，必须接受都府县知事（市根据第二十九条第三项规定实施住宅街区整备事业时，其相关市长）的许可。

一、在个人实施者实施住宅街区整备事业时，有关该实施认可的公告或包含变更实施地区在内的事业规划变更许可公告（该项以下称"事业规划变更"）。

二、在公会实施住宅街区整备事业的情况下，认可其设立的相关公告或认可事业规划变更的相关公告。

三、都府县或市町村在依据第二十九条第三项规定实施住宅街区整备事业的情况下，决定事业规划的公告或变更事业规划的公告。

四、机构或地方公社在依据第二十九条第三项规定实施住宅街区整备事业的情况下，认可实施规定以及事业规划的相关公告或认可变更事业规划的相关公告。

2.土地规划整理法第七十六条第二项的规定，适用于依据前项规定申请许可的情况。

（指定换地被安排在既存住宅区内的宅地）

第六十八条 当实施地区内存在建筑物或建造物（明显属于临时建造或政令规定

的简易物除外）地皮被使用的宅地时，实施者应在换地计划中，将该宅地指定为换地至既有住宅区内的宅地。

2. 前条第一项各号所示公告（在变更事业规划的公告或认可变更事业规划的公告的情况下，仅限于与变更事业规划相关的将先前实施地区外的土地新编入实施地区的情形）发布日起六十日内，宅地所有者在提出不接受前项规定的指定时，无论同项规定如何，可以就相关宅地不进行同项规定的指定，但可使用存在于相关宅地上的建筑物以及其他建造物，或可从中获益的权益人存在时，必须就相关申请征得此类人的同意。

3. 基准、规章、章程或实施规定在实施地区内确定了可按宅地标准利用的、作为建筑物及其他建造物的地皮，其所有者（仅限于第二十六条第二项第一号规定者）在前项期间内，可以依据国土交通省令的规定，对实施者提出申请，要求根据换地规划将相关宅地的换地指定在既存住宅区内，但在申请相关的宅地上拥有借地权者存在时，必须就相关申请征得其同意。

4. 实施者在前项规定的申请出现的情况下，认定申请相关的宅地在利用方面存在着不得不处理的特殊情形，可以将申请相关的宅地指定在既存住宅区内。

5. 实施者在基于第二项规定而不就第一项规定进行指定时，或出现了第三项规定的申请却不依据前项规定进行指定时，必须做出决定回应第二项规定的申请或不回复第三项规定的申请。

6. 依据第一项或第四项规定进行的指定或依据前项规定的决定，必须在第二项规定的期间过后，迅速地执行。

7. 实施者在依据第一项规定指定时，必须毫不迟疑地对相关宅地的所有者发出通知；在依据第四项规定进行指定或依据第五项规定决定时，必须迅速地对相关宅地的所有者发出通知。

8. 实施者在依据第一项或第四项规定进行指定时，必须迅速地就该宗旨发布公告。

（集合农地区换地的申请等）

第六十九条 第十八条规定适用于依据第三十五条第二项（含第三十九条、第五十四条以及第五十九条第二项的适用情况）规定在事业规划方面确定集合农地区的情况。在该情况下，第十八条第一项第一号中的"第七条第三项规定的公告"应视为"第六十七条第一项各号所示公告"读解。

（有关申请受理者的特例）

第七十条 第二十二条规定适用于第六十八条第二项或第三项规定，或前条适用的依据第十八条第一项规定的受理申请的相关事项。在该情况下，第二十二条中的"依据土地规划整理法第十四条第一项规定所设立的土地规划整理公会"可替换成

"住宅街区整备公会"来解读;"同法第十四条第一项"可作为"第三十七条第一项"来解读。

（土地规划整理法的适用）

第七十一条 土地规划整理法第七十条以及第七十七条至第八十五条的规定适用于住宅街区整备事业的相关事项。

第二款 换地规划

（换地规划的决定及认可）

第七十二条 实施者为实施地区内宅地进行换地处理时，必须制定换地规划。在该情况下，实施者为个人实施者、公会、市町村、机构或地方公社时，必须依据国土交通省令的规定，就换地规划接受都府县知事的认可。

2. 土地规划整理法第八十六条第二项至第四项的规定适用于前项换地规划。

（换地规划）

第七十三条 换地规划必须依据国土交通省令的规定，确定下列事项。

一、换地设计。

二、各笔换地明细。

三、各笔各权利所属结算金明细。

四、实施者将要获得的设施住宅的一部分以及公会的"参加公会会员"将被给予的设施住宅一部分等的明细。

五、除前号所示事项外，保留地及其他特别规定的土地明细。

（宅地的立体化）

第七十四条 实施者在依据第六十八条第一项或第四项规定被指定的宅地以及依据第六十九条所适用的第十八条第二项规定被指定的宅地外的宅地（本章以下及第一百零七条第二项称为"一般宅地"），或一般宅地上存在借地权时，必须依据换地规划，不确定成为换地或借地权目的的宅地或部分，而给予设施住宅的一部分等。

2. 在前项情况下，确知一般宅地所有权归属或同项借地权存否或归属存在争议时，则必须将其作为相关权利现在名义人的所属物，或存有相关权利以确定换地规划。

3. 一般宅地所有者或一般宅地借地权者，可以依据国土交通省令的规定，对实施者提出不依据第一项规定而进行金钱结算的申请。

4. 实施者在前项规定的申请出现时，无论第一项规定如何，在换地规划下对相关宅地或借地权不给予设施住宅的一部分，而以金钱结算。

5. 在换地规划中，对于依据公会章程而确定被给予设施住宅一部分等的"参加公会会员"必须给予设施住宅的一部分。

6. 在换地规划中，依据第一项或前项规定，确定为一般宅地所有者将要获得的设施住宅的一部分等之外的设施住宅地皮或共有份额属于实施者。

（宅地立体化基准）

第七十五条 依据前条第一项规定确定按照换地规划给予设施住宅的一部分等的情况，在一般宅地的权利人之间，以及在一般宅地的权利人与一般宅地外的宅地权利人之间，必须充分考虑利害平衡。

2.换地规划必须将设施住宅地皮指定为一笔土地。

3.一般宅地所有者或借地权者将要获得的设施住宅地皮的共有部分及设施住宅公用部分的比例，必须依据政令规定，考虑该人员获得设施住宅一部分的位置以及实用面积后决定。

（设施住宅一部分的实用面积的公平化）

第七十六条 在换地规划中，为确保良好的居住条件，或为谋求设施住宅的合理化利用时，按照前条第一项规定，可增加实用面积过小的设施住宅的一部分的实用面积，使其达到较为合理的程度。

2.前项实用面积过小的基准应依据政令规定，由实施者确定。在此情况下，实施者身份为公会时，须经住总会的决议；身份为都府县、市町村、机构或地方公社时，须经住宅街区整备审议会的决议。

3.在换地规划中，若依据第七十四条第一项以及前条第一项规定，参照前项规定的实用面积基准，在设施住宅实用面积过小的情况下，供给该设施住宅一部分的一般宅地或一般宅地上存有的借地权，无论第七十四条第一项的规定如何，可以确定不供给设施住宅的一部分等。

（既存住宅区的换地）

第七十七条 依据第六十八条第一项或第四项的规定所指定的宅地，必须按照换地规划将换地定于既存住宅区内。

（集合农地区的换地）

第七十八条 第十九条的规定适用于第六十九条适用的依据第十八条第二项规定指定宅地的相关事项。

（义务教育设施用地）

第七十九条 在换地规划中，除第八十二条第一项适用的土地规划整理法第九十五条第三项的规定外，义务教育设施的设置将惠及换地规划相关区域内的居住者，因此可以相应地不把一定的土地作为换地，而把该土地指定为义务教育设施用地。

2.第二十二条第二项至第四项的规定适用于前项的情况。

（保留地）

第八十条 在依据第二十九条第一项或第二项规定实施住宅街区整备事业的换地

规划中，为安排住宅街区整备事业实施的费用，或为实现依据基准、规章或章程确定的目标，可以不把一定的土地作为换地，而将该土地作为保留地。

2. 在依据第二十九条第三项规定实施住宅街区整备事业的换地规划中，总计额由下面两部分构成：该住宅街区整备事业实施后其宅地价格总额与一般宅地所有者或一般宅地上的借地权者获得的设施住宅一部分的价格总额。从总计额中扣除实施者通过实施住宅街区整备事业获得的设施住宅地皮或设施住宅地皮共有部分的价格总额，其剩余价格若超过了该住宅街区整备事业实施前宅地的价格总额，为安排实施住宅街区整备事业的费用，可将价格不超过这笔价格差额的一定土地不作为换地处理，而作为保留地。

3. 土地规划整理法第九十六条第三项的规定适用于欲依据前项规定确定保留地的情况。

（换地规划的变更）

第八十一条　个人实施者、公会、市町村、机构或地方公社在欲变更换地规划时（行政令规定的轻微变更除外），依据国土交通省的规定，必须就该换地规划的变更接受都府县知事的认可。

2. 土地规划整理法第九十七条第一项后段、第二项及第三项的规定适用于变更换地规划的相关事项。

（土地规划整理法的适用）

第八十二条　土地规划整理法第八十八条、第八十九条、第九十九条至第九十二条、第九十四条以及第九十五条的规定适用于换地规划的相关事项。

2. 前项土地规划整理法第九十一条第四项以及第九十二条第三项相关部分不适用于第六十八条第一项规定所指定的宅地相关的换地事项。

第三款　临时换地的指定、换地处理、减价补偿金、清算以及有关权利的调整

（土地规划整理法的适用）

第八十三条　土地规划整理法第三章第三节至第七节的规定适用于住宅街区整备事业的相关事项。

（一般宅地所有者等所获得的设施住宅一部分等以外的设施住宅一部分等的归属等）

第八十四条　"参加公会会员"依据第七十四条第五项规定，确定在换地规划中将要获得设施住宅的一部分等，从依据前条适用的土地规划整理法第一百零三条规定的公告出现日的翌日起，视作按换地规划所确定内容获得了设施住宅的一部分等。

2. 依据第七十四条第六项规定确定的换地规划中的设施住宅地皮或共有份额，从依据前条适用的土地规划整理法第一百零三条第四项规定的公告出现的翌日起，视作

为实施者所有。

3.建筑物分类所有权等的相关法律第一条所规定的建筑物或附属建筑物，存在依据换地规划被定为设施住宅的共用部分时，换地规划规定的设施住宅的共用部分的共有份额不符合同法第十一条第一项或第十四条第一项至第三项规定时，或换地规划确定的设施住宅地皮共有份额的比例不符合同法第二十二条第二项正文（含同条第三项适用的情况）规定时，换地规划中的确定部分视作分别适用于同法第四条第二项、第十一条第二项或第十四条第四项或第二十三条第二项但书（含同条第三项适用的情况）的规定。

（保留地的处理）

第八十五条 第二十九条第一项或第二项规定的实施者在换地规划中，为安排实施住宅街区整备事业费用而确定的保留地，必须用于教育设施、医疗设施、行政机关设施、购买设施等其他为居住者的共同福祉或便利所需设施方面，或用于公营住宅的建设方面。

（用于生活再建等的设施住宅的一部分等的优先转让）

第八十六条 针对一般宅地的所有权者、地上权者、永久耕种权者、租借权者以及其他一般宅地的使用权者或收益权者（本条以下称为"一般宅地的所有者等"）在住宅街区整备事业的实施中丧失生活基础的情形，在为重建该类人的生活而采取必要措施时，或出现其他特别情况时，实施者必须依据基准、规章、章程或实施规定，把通过实施住宅街区整备事业获得的设施住宅的一部分等转让给一般宅地的所有者等。

（设施住宅一部分等的预先购买等）

第八十七条 第二十九条第一项或第二项规定的实施者，欲转让在住宅街区整备事业的实施中获得的设施住宅的一部分等时，必须依据国土交通省令的规定，向都府县知事通报该设施住宅的一部分等的明细、预定转让金额及其他国土交通省令规定的事项。但依据前条转让时，或转让给地方公共团体、地方公社（以下本条称"地方公共团体等"）或"参加公会会员"时不受此限。

2.都府县知事在前项规定的申报出现时，应从希望购入与申报相关的部分设施住宅的地方公共团体中确定实施购入协议者，并将此实施购入协议的意旨通知申报人。

3.前项规定的通知应在申报日起三周内进行。

4.都府县知事在第二项的情形下，当不存在希望购入申报相关的部分设施住宅的地方公共团体时，必须立即将该情况通知申报人以及市町村长。

5.接到第二项规定的通知者，若无正当理由，不得拒绝就该通知相关的部分设施住宅的购入进行相关的协商。

6. 依据第一项规定进行申报者，从申报日起，应满足下列各号提出的各种情况，在下列各号提出的时间前，不得将申报相关的设施住宅的一部分等转让给该地方公共团体外者。

一、在第二项规定的通知出现时，从通知日起三周后（在此期间购入部分设施住宅等的协议显然未成立时，指此时）。

二、第四项规定的通知出现时，指该通知出现时。

三、在第三项规定期内，若第二项或第四项规定的通知未出现时，从申报日算起三周后。

7. 市町村长在第四项规定的通知出现时，必须为需要住宅的劳动者获得该设施住宅的一部分等而努力斡旋。

（财产处理相关法令规定所适用的特例）

第八十八条 实施者为都府县或市町村时，通过实施住宅街区整备事业所取得的设施住宅的一部分等的处理，不适用于该都府县或市町村处理财产相关法令中的规定。

（先取特权）

第八十九条 第八十三条适用的土地规划整理法第一百一十条第一项的有权征收结算金的实施者，在给予其缴纳义务人的设施住宅的一部分等方面拥有先取特权。

2. 前项先取特权通过第八十三条适用的土地规划整理法第一百零七条第二项规定的登记时的结算金额登记，保存其效力。

3. 第一项的先取特权视为不动产工事的先取特权，依据前项规定的登记视为按照民法（一八九六年法律第八十九号）第三百三十八条第一项前段的登记。

第四款 宅地立体化手续的特则

第九十条 实施者就建设设施住宅以及一般宅地上现存权利的消灭以及获得设施住宅和设施住宅地皮相关的权利问题，征得了一般宅地或一般宅地相关的所有权者的同意后，可以不依据第七十四条第一项至第四项以及第六项的规定指定换地规划。在此情况下，第七十五条第二项以及第三项的规定不适用。

2. 依据前项规定指定换地规划时，无论第八十三条适用的土地规划整理法第一百零三条第四项的规定如何，相关一般宅地的现存权利，在第八十三条适用的土地规划整理法第一百零三条第四项规定的公告日终了时消失，相关住宅街区整备事业的设施住宅或设施住宅地皮相关的权利从该公告存在日的第二天起，依据换地规划确定的事宜，应当获取该权利人将获取之。

3. 在第一项的情况下，下表上栏规定的同表中栏的字句，可以替换成同表下栏的字句来解读，并适用这些规定。

表 5-4

第四十五条第一项第九号、第五十条第二项、第五十三条第二项第六号、第七十三条第四号、第七十四条第五项、第七十五条第一项、第八十四条的头条、同条第一项、第八十六条（包含头条。）、第八十七条（包含头条。）、第八十八条、第九十四条、第一百零七条第二项、第一百一十六条第三号	部分设施住宅等	设施住宅或设施住宅地皮相关的权利
第七十六条第三项	第七十四条第一项以及前条第一项	前条第一项
第七十六条第三项	不管第七十四条第一项规定如何、部分设施等	设施住宅或设施住宅地皮相关的权利
第一百一十六条第一号	是指部分设施住宅等（第二十八条第七号所规定的部分设施住宅等。本条以下相同。）	设施住宅（是指第二十八条第四号规定的设施住宅。本条以下同。）或设施住宅地皮（第二十八条第五号规定的设施住宅地皮。本条以下同。）相关的权利

第四节 费用负担等

（费用负担）

第九十一条 住宅街区整备事业所需费用由实施者负担。

（地方公共团体的分担金）

第九十二条 机构或地方公社，可以对机构或地方公社通过实施住宅街区整备事业而受益的地方公共团体，在其受利限度内，要求其负担住宅街区整备事业所需费用的一部分。

2. 在前项情况下，地方公共团体负担费用的额度及负担方法，由机构或地方公社和地方公共团体协议确定。

3. 依据前项规定的协议不成立时，国土交通大臣基于当事者的申请进行裁定。在该情况下，国土交通大臣必须在听取当事者意见的同时，与总务大臣进行协商。

（公共设施管理者的负担金）

第九十三条 实施者可对由于住宅街区整备事业的实施而成为被整备对象的重要公共设施之政令所规定的管理者或管理者候选人，要求其负担相关公共设施整备所需费用的全部或一部分。

2. 有关前项规定的费用负担事项，在个人实施者或公会实施的住宅街区整备事业中，必须预先征得相关公共设施管理者或管理候选者的承认，在其他住宅街区整备事业中，必须预先与相关公共设施的管理者或管理候选者进行协议，并在事业规划中表明费用额度。

（资金的融通等）

第九十四条　国家及地方公共团体应对实施者及依据第八十六条的规定接受部分设施住宅等的人进行必要的资金融通或斡旋以及其他的援助，以便于住宅街区整备事业的实施或部分实施住宅的接受。

第五节　其他规则

（报告、劝告等）

第九十五条　国土交通大臣对都府县或市町村，都府县知事对市町村、公会或个人实施者，市町村长对公会或个人实施者，在该法律实施的必要限度内，提出就各自实施的住宅街区整备事业相关事项提交报告或资料的要求，或为促进住宅街区整备事业的实施，可以提出建议或援助。

2.国土交通大臣为了促进住宅街区整备事业的实施，对于机构可以提出必要的劝告和建议，或给予援助。

3.都府县知事为了促进住宅街区整备事业的实施，可以命令公会或个人实施者采取必要的措施。

（监督）

第九十六条　国土交通大臣或都府县知事对实施者实施监督的相关内容，除了前条规定的内容外，适用土地规划整理法第一百二十四条、第一百二十五条以及第一百二十六条的规定。

（不服申请）

第九十七条　下列处分不得依据行政不服审查法申请不服。

一、第三十七条第一项或第五十一条适用的土地规划整理法第三十九条第一项规定的认可。

二、第五十一条适用的土地规划整理法第二十条第三项（含同法第三十九条第二项适用情况）规定的通知。

三、都府县或市町村依据第二十五条第一项规定决定的事业规划（含事业规划变更）。

四、第五十二条第一项或第五十七条适用的土地规划整理法第五十五条第十二项规定的认可。

五、第五十七条适用的土地规划整理法第五十五条第四项（含同条第十三项适用的情况）规定的通知。

六、第五十八条第一项或第五十九条第十四项规定的认可。

七、第五十九条第八项（含同条第十五项适用情况）规定的通知。

八、第八十一条第二项适用的土地规划整理法第九十七条第三项适用的同法第八十八条第四项（含第八十二条第一项的适用情况）规定的通知。

第九十八条　除了前条规定事项外，对公会、市町村、都府县、机构或地方公社基于该法律或基于该法律的命令进行的处理或对上述公权力行使的行为表示不服者，可以依据行政不服审查法请求审查。对公会、市町村或市级设立的地方公社的处理，可请求都府县知事审查；对都府县、机构或地方公社（市级设立的除外）的处理，可请求国土交通省大臣审查。

2. 就前项审查请求，若对都府县知事的裁决表示不服者，可向国土交通大臣请求再审查。

（请求技术性援助）

第九十九条　欲成为个人实施者的人或个人实施者，或欲设立公会的人或公会为了准备或实施住宅街区整备事业，可向都府县知事及市町村长就住宅街区整备事业请求支援具有专业知识的职员；市町村可以向国土交通大臣及都府县知事请求同样的支援。

（建筑物分类所有权等的相关法律特例等）

第一百条　实施者可以依据政令规定，就设施住宅及其地皮管理或使用等分类所有者相互间的事项确定管理规章。在该情况下，实施者为个人实施者、公会、机构或地方公社时，必须依据政令规定就管理规章接受都府县知事的认可。

2. 前项管理规章可视作建筑物分类所有等相关法律第三十条第一项的规章。

（土地规划整理法的适用）

第一百零一条　土地规划整理法第一百二十八条至第一百三十条及第一百三十二条至第一百三十六条的规定，适用于住宅街区整备事业的相关事项。

第六章之二　都心共同住宅供给事业

（规划的认定）

第一百零一条之二　欲实施都心共同住宅供给事业者，可以依据国土交通省令的规定，指定实施都心共同住宅事业相关规划，申请都府县知事的认定。

2. 必须在前项规划内记载下列事项。

一、实施都心共同住宅供给事业的区域。

二、共同住宅的规模及配备。

三、住宅户数以及规模、结构与设备。

四、共同住宅建设事业相关的资金规划。

五、若住宅为租赁住宅时的下列事项。

① 住宅租赁人相关事项。

② 租赁住宅的房租及其他租赁条件相关事项。

③ 租赁住宅的管理方法及时期。

④ 若住宅为分售住宅时的下列事项。

⑤ 分售住宅购得者的相关事项。

⑥ 分售住宅价格及其他出让条件相关事项。

⑦ 限制将分售住宅出让后的用途变更为住宅外的用途的相关措施事项。

⑧ 共同住宅与相关公益设施整备同时进行建设时的下列事项。

⑨ 相关公益设施的种类、规模及配置。

⑩ 相关公益设施整备事业相关的资金规划。

八、其他国土交通省令规定的事项。

（认定基准）

第一百零一条之三　都府县知事在前条第一项要求认定（该章以下称为"规划认定"）的申请出现时，若认定该申请相关的同项规划符合下列基准时，可以认定该规划。

一、共同住宅为除地下室以外，其层数超过三层建筑物的全部或部分，且其地皮面积超过国土交通省令规定的规模。

二、住宅户数超过国土交通省令规定的户数。

三、住宅规模、结构及设备经过该住宅入居者世代构成的考量，符合国土交通省令规定的基准。

四、共同住宅建设及相关公益设施整备规划内容对确保良好居住环境而言是合适的。

五、共同住宅建设事业相关的资金规划及相关公益设施整备事业相关的资金规划，对执行各自的事业而言是合适的。

六、若住宅为租赁住宅时，应符合下列基准。

① 租赁住宅的租用人资格应满足下列事项（1）或（2）。

（1）自住需求者

（2）对自住需求者进行住宅租赁事业者

② 租赁住宅的房租金额不应偏离邻近同类住宅的房租金额。

③ 租赁住宅租用人的选定方法及其他租赁条件应按照国土交通省令规定的基准，恰当公平地制定。

④ 租赁住宅的管理方法应符合国土交通省令规定的基准。

⑤ 租赁住宅的管理期要考虑住宅的实际情况，应超过国土交通省令规定的期间。

七、住宅为分售住宅时，应符合下列基准。

① 分售住宅购得者的资格需满足下列事项（1）至（3）中任意一项。

（1）有自住需求者

（2）为提供亲属的居住之用，需要自住住宅以外的住宅者。

（3）对自住住宅需求者实施住宅租赁业者

②分售住宅的价格不应偏离临近同类住宅的价格。

③分售住宅购得者的选定方法及其他让与条件应按照国土交通省令的规定基准，恰当公正地制定。

④分售住宅让与后的用途变更为住宅以外用途的情况应受到规制，其规制的行使应依据建筑基准法第六十九条或第七十六条之三第一项规定下缔结的建筑协定，并以其他国土交通省令规定的基准为准。

（规划认定通知）

第一百零一条之四　都府县知事在认定了规划后，必须迅速地向相关市町村长通知该意旨。

（规划变更）

第一百零一条之五　接受规划认定者（以下称"认定事业者"）欲对受到认定的相关规划进行第一百零一条之二第一项的规划（本章以下称"认定规划"）变更（国土交通省令规定的轻微变更除外）时，必须受到都府县知事的认可。

2.前两条规定适用于前项情况。

（报告征收）

第一百零一条之六　都府县知事可以要求认定事业者就都心共同住宅事业的实施状况提交报告。

（地位的继承）

第一百零一条之七　认定事业者的一般继承人，或在都心共同住宅供给事业实施区域获得认定事业者的土地所有权者，以及其他获得实施都心共同住宅供给事业相关权限者，可以在接受都府县知事承认的基础上，基于相关认定事业者已有规划认定的基础上继承其地位。

（改善命令）

第一百零一条之八　若都府县知事判定认定事业者未按照认定规划（若第一百零一条之五第一项规定的变更被认定时，指变更后的认定规划。本章以下同）实施都心共同住宅供给事业时，可以要求相关认定事业者在相当期间内，采取必要措施进行改善。

（规划认定的取消）

第一百零一条之九　都府县知事在判断认定事业者违反前条规定的处理时，可以取消规划的认定。

2.第一百零一条之四的规定适用于都府县知事依据前项规定取消的情况。

（费用的补助）

第一百零一条之十　国家可以向具有地方公共团体身份的认定事业者，在预算范围内，依据政令规定，补助实施都心共同住宅供给事业所需费用的一部分。

2.地方公共团体可以向认定事业者补助实施都心共同住宅供给事业所需费用的一部分。

3.国家在地方公共团体依据前项规定交付补助金时，在预算范围内，可依政令规定，补助部分费用。

（国家或地方公共团体提供补助的都心共同住宅供给事业所建住宅的房租或价额）

第一百零一条之十一　参考该租赁住宅的建设费、利息费、修缮费、管理事务费、损坏保险费、地价、税费以及其他相关费用的基础上，不得以超过国土交通省令规定的金额签约或受领。

2.前项建设租赁住宅的必要费用，在建筑价格及其他经济状况显著变动，且符合国土交通生令规定基准的情况下，指变动后确定的建设租赁住宅所需的常规费用。

3.与前条第一项或第二项规定的补助相关的，通过都心共同住宅供给事业建成的分售住宅的价格，在参考建设该分售住宅的必要费用、利息、分售事务费、税费及其他必要费用后，认定事业者不得以超过国土交通省令规定的金额签约或受领。

（独立行政法人住宅金融支援机构贷款资金的相关考虑）

第一百零一条之十二　独立行政法人住宅金融支援机构在法令及该事业规划范围内，为都心共同住宅供给事业的顺利实施，应考虑必要资金的贷款。

（资金的确保等）

第一百零一条之十三　为实施都心共同住宅供给事业，国家及地方公共团体要努力斡旋以确保资金及其融通。

（公共设施的整备）

第一百零一条之十四　国家及地方公共团体要基于认定规划，为与都心共同住宅供给事业的实施相关的必要公共设施的整备而努力。

（独立行政法人都市再生机构法的特例）

第一百零一条之十五　机构在行使独立行政法人都市再生机构法（平成十五年法律第一百号。以下本条称"机构法"）第十一条第一项第七号规定的业务时，若业务为超出国土交通省令规定的户数以上的基于机构法第十八条第一项各号规定的，与都心共同住宅供给事业实施相关的公共设施工程时，可在征得该工程相关的设施管理者同意的基础上，代替该管理者实施该工程。在此情况下，适用机构法第十八条第二项至第五项以及第十九条至第二十四条的规定。

2.在依前项规定执行机构业务时，机构法第四十条第二项中的"第二十条第四项"是指第二十条第四项（含有关大都市区域促进住宅及住宅供地供给的特别措施法第一百零一条之十五第一项后段适用的情况）。

第七章　其他规则

（土地规划整理促进区域等的公共水面的处理）

第一百零二条　若有人拥有公共水面填埋法（一九二一年法律第五十七号）规定的填埋执照，在适用该法律时，将该执照所系水面视作宅地，将该人视作宅地所有者。

（许可条件）

第一百零三条　可以在第七条第一项、第二十六条第一项或第六十七条第一项的许可方面，附加开发良好住宅街区的条件，或整备良好住宅街区的必要条件。在该情况下，不得因该条件使接受许可者负担不当义务。

（监督处理）

第一百零四条　若出现违反第七条第一项、第二十六条第一项或第六十七条第一项规定，或违反依据前条规定的附加条件者，都府县知事（在依据第七条第一项、第二十六条第一项或第六十七条第一项规定必须接受市长许可时，指该市长。次项同）可以要求违反者或继承其建筑物及其他建造物或物件权利人，在一定期限内，在开发良好住宅街区或整备良好住宅街区的必要限度内，恢复该土地原状或转移或移除该建筑物及其他建造物。

2.都府县知事依据前项规定，要求恢复土地原状或转移或移除建筑物及其他建造物或物件时，在无过失的情况下，若无法确知原状恢复或转移或移除工作的委派人时，可以在该类人员负担的范围内，亲自执行相关措施，或命令、委任他人执行。在此情况下，确定一定的期限，若未能在此期限内进行原状恢复或转移或移除时，都府县知事或其命令者或其委任者必须发布原状恢复或转移或移除宗旨的公告。

3.依据前项规定恢复土地原状，或转移、移除建筑物及其他建造物或物件者，必须携带证明其身份的证件，在相关人员要求时，须出示之。

（权限的委任）

第一百零四条之二　该法律规定的国土交通大臣的权限，可依据国土交通省令的规定，将部分权限委任给地方整备局长。

（大都市等的特例）

第一百零五条　依据该法律或基于该法律之政令的规定，由政令规定的都府县知事处理或管理以及执行的事项，在指定城市、地方自治法第二百五十二条之二十二第一项的中心城市（该条以下称"中心城市"）及同法第二百五十二条之二十六之三第一项的特例市（该条以下称"特例市"），依据政令由指定城市、中心城市或特例市（本条以下称"指定都市等"）的长官执行。在此情况下，该法律或政令中基于该法的都府县知事的相关规定，可作为指定都市等的长官相关的规定适用于指定都市等的长官。

（有关生产绿地地区城市规划的相关要求）

第一百零六条 特定土地规划整理事业或住宅街区整备事业实施土地区域内的农地等宅地的所有者，在依据第十八条第一项（含第六十九条适用情况）规定的申请的同时，在征得下列人员同意的基础上，即征得在申请相关宅地上具备对抗要件的地上权者或租赁权或登记过的永久耕作权者、先取特权者、抵押权者及相关权利临时登记的登记名义人、相关权利查封登记或买回登记的登记名义人的同意后，可以依据国土交通省令的规定，向该城市规划制定者就该宅地换地相关的集合农地区内确定依据生产绿地第三条第一项的规定确定生产绿地地区事宜提出申请。

2. 实施特定土地规划整理事业或住宅街区整备事业者，在前项规定的申请出现后，须与第十八条第四项（含第六十九条适用情况）适用的第十四条第四项所规定的公告一并进行公告。

3. 特定土地规划整理事业或住宅街区整备事业的实施者，在集合农地区的土地区域之内，符合生产绿地法第三条第一项规定的生产绿地地区相关的城市规划法的相关基准，且在该土地区域内对应的宅地的全部所有者依据第一项规定提出申请时，应依据国土交通省令的规定，要求相关城市规划制定者依据同条第一项规定确定城市规划的生产绿地地区。

（农地所有者等租赁住宅建设融资利息补助临时措施法特例）

第一百零七条 土地规划整理促进区域或住宅街区整备促进区域内的农地（伴随特定市街化区域农地固定资产税课税合理化的宅地化促进临时措施法（一九七三年法律第一百零二号）第二条规定的特定市街化区域农地除外）转为建设租赁住宅时，相关租赁住宅即便不符合农地所有者等租赁住宅建设融资利息补助临时措施法（一九七一年 法律第三十二号）第二条第二项规定的特定租赁住宅事项，其规模、结构及设备符合同项国土交通省令规定的基准，且认为是符合同项第一号规定条件的全部或一部分的住宅区时，可将此视为同项规定的特定租赁住宅，适用于同法规定。

2. 符合下列各号之任意一项者，为供租赁住宅之用，在依据第八十六条规定接受一部分设施住宅等的情况下，相关租赁住宅（含该人依据第八十三条适用的土地规划整理法第一百零四条第七项规定或第九十二条第二项规定所取得一部分设施住宅且供租赁住宅之用的情形。本项以下同）的规模、结构及设备符合农地所有者等租赁住宅建设融资利息补助临时措施法第二条第二项国土交通省令规定的基准，且认为相关租赁住宅为符合同项第一号规定的团地住宅的全部或一部分，可视该人物为符合同条第一项各号之一所规定者，相关设施住宅一部分等的接受可视作同条第二项规定的特定租赁住宅建设，适用同法规定。在此情况下，就相关设施住宅一部分等的接受资金依据同法第二条第一项规定缔结了利息补助契约时，在相关租赁住宅内，依据第八十三条适用的土地规划整理法第一百零四条第七项的规定或第九十条第二项规定所获得的一部分设施住宅，可视作相关利息补助融资租赁住宅。

一、拥有农地等一般宅地的个人（关于该一般宅地，相关第六十七条第一项各号规定的公告出现后，以非继承或遗赠方式获得该一般宅地者除外。）

二、其他农地等一般宅地所有者由政令所规定者

3. 认定事业者在转用第二条第五号国土交通省令规定的土地区域内的农地，进行租赁住宅建设时，相关租赁住宅即便不是农地所有者等租赁住宅建设融资利息补助临时措施法第二条第二项规定的特定租赁住宅，其规模、结构及设备符合同项国土交通省令规定的基准，且建设政令所确定户数以上数量的租赁住宅时，可将此视为同项规定的特定租赁住宅，适用于同法规定。

（指导及建议）

第一百零八条　都府县及市町村确认有必要达成土地规划整理促进区域或住宅街区整备促进区域相关城市规划的目的时，应该对该区域内宅地的所有权或借地权者，就开发良好住宅街区或整备良好住宅街区的相关事项进行指导及建议。

（政令的委任）

第一百零九条　在该法律之内，土地规划整理法适用的替换解读的技术性要求及其他实施该法的必要事项，由政令规定。

（事务分类）

第一百零九条之二　在依据该法律规定应由地方公共团体处理的事务中，下列事务可视作地方自治法第二条第九项及第一项第一号规定的第一号法定受托事务。

一、都府县第五十九条第六项及第七项（含同条第十五项适用该类规定的情况）、第六十四条第一项、第六十七条第一项、同条第二项适用的土地规划整理法第七十六条第二项及第一百零四条第一项及第二项规定的应处理的事务（仅限于都府县或机构或地方公社实施住宅街区整备事业相关事项，市立地方公社的情况除外）。

二、依据下列规定应由市町村处理的事务（仅限于实施住宅街区整备事业相关的都府县或机构或地方公社的事项，市立地方公社除外）：第五十七条适用的土地规划整理法第五十五条第十项（含第五十七条适用的同法第五十五条第十三项适用的情况）、第五十九条第十二项（含同条第十五项适用的情况）、第六十四条第一项及第三项及第七十一条适用的同法第七十七条第五项后段（含第一百零一条中适用的同法第一百三十三条第二项适用的情况）规定。

2. 在依据该法律规定应由市町村处理的事务中，下列事务视为地方自治法第二条第九项第二号所规定的第二号法定受托事务。

一、第三十三条第二项（含第三十七条第二项适用情况）、第三十六条适用的土地

规划整理法第九条第四项（含第三十六条适用的同法第十条第三项适用情况）、同法第十条第一项后段、同法第十一条第五项及第七项及同法第十三条第一项后段、第五十条第四项适用的同法第四十一条第三项（含第七十一条适用的同法第七十八条第四项及第八十三条适用的同法第一百一十条第七项适用情况）、第五十一条适用的同法第十九条第二项及第三项同法第二十条第一项及同法第二十一条第六项（含适用这些规定的第五十一条同法第三十九条第二项适用的情况）、同法第二十九条第一项、同法第三十九条第一项后段及同法的第四十五条第二项后段、第六十三条第一项、第七十一条适用的同法第七十七条第七项后段、第七十二条第二项适用的同法第八十六条第二项、第八十一条第二项适用的同法第九十七条第一项后段及第九十五条第一项规定的事务。

二、第五十七条适用的土地规划整理法第五十五条第十项（含第五十七条适用的同法第五十五条第十三项适用的情况）及第五十九条第十二项（含同条第十五项适用情况）规定的事务（仅限于市町村或市立地方公社实施的住宅街区整备事业相关的事务）。

三、第六十四条第一项（土地勘探等部分除外）及第三项及第七十一条适用的土地规划整理法第七十七条第五项后段（含第一百零一条适用的同法第一百三十三条第二项适用的情况）规定的事务（仅限于个人实施者、公会、市町村或市立地方公社实施的住宅街区整备事业的相关事务）。

第八章　罚则

第一百一十条　个人实施者（个人实施者为法人时，其干部或职员）或住宅街区整备公会的干部、总代表或职员（以下总称"个人实施者"）收受或要求，或答应接受与职务相关的贿赂，处三年以下徒刑。由此导致不正当行为或不履行正当行为时，处七年以下徒刑。

2. 个人实施者等在工作期间接受人情托付，在职务上行不正当行为，或不行使适当行为，收受、要求或答应接受贿赂时，处三年以下徒刑。

3. 个人实施者接受与职务有关的请托，让第三者提供贿赂，或答应提供贿赂时，处三年以下徒刑。

4. 没收犯人或知情的第三者接受的贿赂。在无法没收全部或部分贿赂时，要追缴数量相当的价额。

第一百一十一条　向前条第一项至第三项所示人物行贿，或索要或答应行贿者，处三年以下徒刑或一百万日元以下的罚款。

2. 犯前项罪行者自首时，可减刑或免除刑罚。

第一百一十二条　拒绝第六十三条第一项规定的进入土地要求者或妨碍者，处以六个月以下徒刑或二十万日元以下的罚款。

第一百一十三条　违反第一百零四条第一项规定的命令，不恢复土地原状，或不转移或拆除建筑物及其他建造物或物件者，处以六个月以下徒刑或二十万日元以下的罚款。

第一百一十三条之二　符合下列各号任意一项者，处以三十万日元以下罚款。

一、依据第一百零一条之十第一项或第二项规定，接受补助的认定事业者，就该补助相关的都心住宅共同供给事业所建住宅相关事项违反了一百零一条之八规定的都府县知事之处理者。

二、第一百零一条之十一第一项或第三项规定的违反者。

第一百一十三条之三　不做第一百零一条之六规定的报告，或做虚伪报告者，处以二十万日元以下罚款。

第一百一十四条　若法人代表者或法人或个人的代理者、雇工及其他从业者的行为违反了该法人或个人的业务或财产相关的第一百一十二条至前条规定，除处罚该行为者外，还应对法人或个人施以本条各项规定的罚款。

第一百一十五条　违反第七十一条适用的土地规划整理法第八十一条第二项规定转移或移除、或污损或毁损同条第一项规定的标识者，处以二十万日元以下罚款。

第一百一十六条　下列各号规定的情况，个人实施者或实施该行为的住宅街区整备公会的理事、监事或结算者，处以五十万日元以下的过失罚款。

一、违反第八十七条第一项规定，不进行申报就出让部分设施住宅（指第二十八条第七号规定的设施住宅的一部分等。该条以下同）等。

二、对第八十七条第一项规定的呈报进行虚假呈报时。

三、违反第八十七条第六项规定，在同项规定的时期内出让设施住宅的一部分等。

第一百一十七条　出现下列各号所示情况时，个人实施者被处以二十万日元以下的过失罚款。

一、违反下列规定时：第三十六条适用的土地规划整理法第十条第二项或第十三条第三项规定，或第一百零一条适用的同法第一百二十八条第三项规定。

二、妨碍第九十六条适用的土地规划整理法第一百二十四条第一项规定的都府县知事的检查时。

三、违反第九十六条适用的土地规划整理法第一百二十四条第一项规定的都府县知事的命令时。

第一百一十八条　在下列各号所示情况下，有下列行为的住宅街区整备公会的理事、监事或结算人处以二十万日元以下的过失罚款。

一、住宅街区整备公会经营住宅街区整备事业以外的事业时。

二、违反下列规定时：第五十一条适用的土地规划整理法第三十九条第三项、第四十五条第四项或第五十条第五项规定或第一百零一条适用的同法第一百二十八条第三项的规定。

三、未记载第五十一条适用的土地规划整理法第四十七条或第四十九条规定的记载事项，或进行不实记载时。

四、违反第五十一条适用的土地规划整理法第四十八条规定，处理住宅街区整备公会的残余财产时。

五、妨碍第九十六条适用的土地规划整理法第一百二十五条第一项或第二项规定的都府县知事的检查时。

六、违反第九十六条适用的土地规划整理法第一百二十五条第三项规定的都府县知事的命令时。

七、对国土交通大臣、都府县知事或市町村长或总会、总会的小组会或代总会进行不实申诉，或隐瞒事实时。

八、住宅街区整备公会依据该法规定应进行公告时，不公告或进行不实公告时。

第一百一十九条 在下列各号所示情况下，对个人实施者处以五万日元以下过失罚款。

一、违反了第一百一十九条适用的土地规划整理法第八十四条第一项规定，不准备账本，或不在账本上记载应当记载的事项，或不实记载时。

二、违反第七十一条适用的土地规划整理法第八十四条第二项规定，没有正当理由却拒绝阅览或抄写账本的要求时。

第一百二十条 在符合下列各号任意一项时，实施行为的住宅街区整备公会的理事、监事或结算人处以五万日元以下的过失罚款。

一、违反下列规定时：第四十五条第二项或第四十八条第四项适用的土地规划整理法第三十二条第一项规定或第四十五条第二项、第四十七条第三项或第四十八条第四项适用的同法第三十二条第三项至第五项的规定。

二、违反第五十一条适用的土地规划整理法第二十八条第十项规定时。

三、违反了第七十一条适用的土地规划整理法第八十四条第一项规定，未备账本，或未在账本上记载应当记载事项，或不实记载时。

四、违反第七十一条适用的土地规划整理法第八十四条第二项规定，无正当理由却拒绝阅览或誊抄账本要求时。

第一百二十一条 符合下列各号的任何一项者处以五万日元以下的过失罚款。

一、第四十一条第二项规定的违反者。

二、第四十五条第二项适用的土地规划整理法第三十二条第七项规定的违反者。

附则（略）

第九节 适应区域多种需要的公共租赁住宅等的配置等特别措施法 ❶

第一章 总则

（目的）

第一条 伴随着社会经济形势的变化，国民对住宅的需要在地方上也呈现出多样化的倾向，该法律为了在尊重地方公共团体自主性的同时，推进适应区域多种需要的公共租赁住宅等的配置等，在制定国土交通大臣策划的基本方针的同时，采取发放基于地域住宅规划的公共租赁住宅等的配置事业及其他事业或事务的补贴等特别措施，为实现国民生活的安定和富足、宜居区域社会作贡献。

（定义）

第二条 该法律的"公共租赁住宅等"指如下各号相应住宅。

一、地方公共团体整备的住宅（含地方公共团体负担该配置所需的一部分费用，以谋求良好配置进程的住宅）。

二、独立行政法人都市再生机构（以下称"机构"）或地方住宅供给公社（以下称"公社"）整备的租赁住宅。

三、特定优良租赁住宅供给促进法（一九九三年法律第五十二号，以下称"特定优良租赁住宅法"）第六条规定的特定优良租赁住宅（以下称"特定优良租赁住宅"）。

四、关于高龄者居住安定确保法（二〇〇一年法律第二十六号。以下称"高龄者居住安定确保法"）第五条第一项关于登陆（含同条第二项登陆更新）的同条第一项规定的附带服务功能的面向高龄者的住宅（以下称"附带登录服务的面向高龄者的住宅"）

2.该法律中的"公共公益设施"，指与实施公共租赁住宅等的整备事业相关的必要设施，对应如下各号之一者。

一、道路、公园、广场及其他政令规定的公用设施。

二、谋求公共租赁住宅等居住者的福利或便利的必要设施。

3.该法律中的"公共租赁住宅等的配置等"，指公共租赁住宅等或公共公益设施的配置及管理。

（国家及地方公共团体的努力义务）

第三条 为实现适应区域住宅多样化需求的拥有适当规模、结构及设备的优质住宅供给，及通过市街地配置的改善以实现优质居住环境的形成，国家及地方公共团体须在谋求活用民间事业者的能力并携手增进居住者福祉或便利的相关措施的同时，致力于公

---

❶ 立法文号为二〇〇五年六月二十九日法律第七十九号。译文版本为二〇一二年六月二七日法律第五一号。

共租赁住宅等配置事业的实施、既有公共租赁住宅的有效活用及采取其他必要的措施。

第二章　基本方针及地域住宅协议会

（基本方针）

第四条　国土交通大臣须制定适应区域多种需要的公共租赁住宅等的整备等基本方针（以下称"基本方针"）。

2. 基本方针须决定如下事项：

一、适应区域多种需要的公共租赁住宅等的整备等的基本方向。

二、关于公共租赁住宅等及公共公益设施整备的基本事项。

三、公共租赁住宅等的有效活用、租赁条件及其他管理相关基本事项。

四、关于携手增进公共租赁住宅等居住者的福祉或便利的相关措施的基本事项。

五、关于第六条第一项规定的地域住宅规划制定的基本事项。

六、除前面各项所示事项外，有关适应区域多种需要的公共租赁住宅等的配置等的重要事项。

3. 国土交通大臣在制定基本方针时，须与相关行政机关的长官进行协议。

4. 国土交通大臣在制定了基本方针后，须立刻公布该基本方针。

5. 前两项规定适用于基本方针的变更。

（地域住宅协议会）

第五条　都道府县、市町村、机构以及公社（以下称"都道府县等"），为了就适应区域多种需要的公共租赁住宅等的整备等的必要措施进行商议，可组织地域住宅协议会（以下称"协议会"）。在此情况下，都道府县等在认为有必要时，可以在协议会中加入非该都道府县等的公共租赁住宅等的整备相关人员。

2. 在进行前项协议的会议中，对经过协议的事项，协议会会员须尊重该协议结果。

3. 除前二项规定的事项外，有关协议会运营的必要事项，由协议会决定。

第三章 基于地域住宅规划的特别措施

第一节 地域住宅规划的制定等

第六条　地方公共团体在该区域内，以基本方针为基础，可制定适应区域多种需要的公共租赁住宅等的整备等的规划（以下称"地域住宅规划"）。

2. 地域住宅规划在记载第一号至第三号所示事项的同时，须尽量记载第四项所示事项。

一、为满足地域住宅的多样化需求的如下必要事业的相关事项。

① 有关公共租赁住宅等的整备事业。

② 有关公共公益设施的整备事业。

③ 其他国土交通省令规定的事业。

二、与前号事业成为一体，以增强其效果的必要事业或事务的相关事项。

三、规划期限。

四、满足地域住宅多样化需求的公共租赁住宅等的整备等的相关方针。

3. 前项第一号及第二号所示事项，除记载制定该地域住宅规划的地方公共团体实施的事业或事务（以下称"事业等"）内容外，在有必要时，还可记载国土交通省令规定的，以谋求机构、公社或地域之良好居住环境形成为目的的特定非营利活动促进法（平成十年法律第七号）第二条第二项规定的作为特定非营利活动法人、一般社团法人、一般财团法人或其相当者实施的事业等（仅限于该地方公共团体负担该事业等所需部分费用，以推动该事业进程者）的相关内容。

4. 地方公共团体在地域住宅规划中记载机构等实施的事业等相关事项时，针对该事项，须事先征得该机构等的同意。

5. 地方自治法（一九四七年法律第六十七号）第二百五十二条之十九第一项规定的指定都市及同法第二百五十二条之二十二第一项规定的核心市之外的市町村（在有关特定优良租赁住宅的情况下，指镇村），欲在第二项第一号之①所示相关事业的事项中记载特定优良租赁住宅或附带登录服务的面向高龄者的住宅整备事业的相关事项时，针对该事项，须事先与都道府县知事进行协议并征得其同意。

6. 地方公共团体在实施公营住宅法（一九五一年法律第一百九十三号）第二条第十五号规定的公营住宅重建事业（以下称"公营住宅重建事业"）的同时，在该公营住宅重建事业的实施土地区域内，进行新公共公益设施或公营住宅法第三十条第二项规定的公共租赁住宅以外的特定优良住宅或附带登录服务的面向高龄者住宅的整备，以满足地域住宅的多样化需要时，可在第二项第一号①所示事业相关事项中，记载该公营住宅重建事项相关的事项。

7. 地方公共团体在制定地域住宅规划后，须立即公示该规划。与此同时，都道府县要向相关市町村、市町村要向相关都道府县提交该地域住宅规划的复印件。

8. 第三项至前项的规定适用于地域住宅规划的变更。

第二节 补贴

（补贴发放等）

第七条 地方公共团体欲使用次项补贴实施基于地域住宅规划的事业等时，须将该地域住宅规划提交国土交通大臣。

2. 国家针对地方公共团体补贴基于前项规定提交的地域住宅规划事业的实施经费，以公共租赁住宅等的整备状况等事项为基础，依据国土交通省令的规定，在预算范围内，可发放补贴。

3. 关于使用前项补贴实施的事业所需费用，基于公营住宅法及其他法令规定的国家补助或负担，不拘于该项规定，不予执行。

4.除前三项规定的内容外,关于第二项补贴发放的必要事项,由国土交通省令规定。

（与补贴相关的改良住宅的管理及处理）

第八条 关于前条第二项使用补贴进行建设的住宅地区改良法（一九六〇年法律第八十四号）第二条第六项规定的改良住宅在同法第二十九条规定的适用，同条第一项"依据第二十七条第二项的规定接受国家补助"，即"适应区域多种需要的公共租赁住宅等的配置等特别措施法（二〇〇五年法律第七十九号）第七条第二项之使用补贴。

（补贴所系的都心共同住宅供给事业所建住宅的租金或价额等）

第九条 有关大都市地域促进住宅及住宅用地供给的特别措施法（一九七五年法律第六十七号）第一百零一条之五第一项规定的认定事业者地方公共团体，基于使用补贴实施都心共同住宅供给事业（指同法第二条第五号规定的都心共同住宅供给事业）所建住宅之同法第一百零一条之十一及第一百十三条之二的规定的适用，同法第一百零一条之十一第一项及第三项的"基于前条第一项或第二项的补助"，即"适应区域多种需要的公共租赁住宅等的配置等特别措施法（二〇〇五年法律第七十九号）第七条第二项的补助"、同法第一百十三条之二第一号"基于第一百零一条之十第一项或第二项规定的补助"，即"适应区域多种需要的公共租赁住宅等的配置等特别措施法第七条第二项的补助发放"、"该补助"即"该补贴"。

（与补贴相关的面向高龄者的优良租赁住宅的通知措施）

第十条 地方公共团体使用第七条第二项补贴进行整备的关于高龄者居住安定确保法第四十五条第一项租赁住宅之高龄者居住安定确保法第五十条规定的适用，同条中"基于第四十五条、第四十七条第四项、第四十八条第一项或前条或第四十七条第一项规定的接受补助或负担进行配置或降低房租"，即"适应区域多种需要的公共租赁住宅等的配置等特别措施法（二〇〇五年法律第七十九号）第七条第二项使用补贴进行配置，或基于第四十五条第二项的接受补助降低房租"。

第三节 公共租赁住宅等的整备特例

（镇村长实施的基于特定优良租赁住宅法规定的事务）

第十一条 都道府县知事不拘于特定优良租赁住宅法的规定或第十三条规定，依据这些规定属于其权限的事务，依据町村制定的地域住宅规划第六条第三项的规定而记载的有关特定优良租赁住宅整备事业的相关内容，依据政令的规定，可作为该镇村长的实施事务。

（公营住宅重建事业实施要件特例）

第十二条 基于第六条第六项规定，地域住宅规划中记载的关于公营住宅重建事业之公营住宅法第三十六条第三号规定的适用，同号但书中的"社会福利设施或公共租赁住宅"，即"社会福利设施或公共租赁住宅，或适应区域多种需要的公共租赁住宅等的配置等特别措施法（二〇〇五年法律第七十九号）第六条第一项规定的地域住宅规划中基于同条第六项规定记载的同项规定的公共公益设施、特定优良租赁住宅或附带服务的面向高龄者住宅"。

（特定优良租赁住宅入住者资格认定基准特例）

第十三条　基于第六条第七项的规定，在地域住宅规划中记载了优先入住者及特定优良租赁住宅的该优先入住者的租赁相关事项的地方公共团体的区域内，若特定优良租赁住宅法第五条第一项规定的认定事业者（第三项称"认定事业者"），在国土交通省令规定的期限以上，不能确保拥有特定优良租赁住宅法第三条第四号规定的入住资格者时，不拘于特定优良租赁住宅法的规定，可接受都道府县知事（在市的区域内，为该市市长。以下同）的认可，将特定优良租赁住宅的全部或一部分租赁给该地域住宅规划中记载的优先入住者。

2.依据前项规定，在出租特定优良租赁住宅的全部或部分时，该租赁必须是基于借地借家法（一九九一年法律第九十号）第三十八条第一项规定的建筑物租赁（仅限于规定了未超过国土交通省令规定的期限者）。

3.认定事业者基于第一项规定，获得了都道府县知事认可的情况下，对于特定优良租赁住宅法第十一条第一项规定的适用，同项的"处理"，指"处理或适应区域多种需要的公共租赁住宅等的整备等特别措施法（二〇〇五年法律第七十九号）第十三条第二项的规定"。

第四章 杂则

（给国土交通省令的委任）

第十四条　除该法律的规定内容外,该法律实施的必要事项,由国土交通省令规定。

（过渡措施）

第十五条　基于该法律的规定制定命令或改废命令时，用此命令进行制定或改废时，在判断为合理需要的范围内，可规定必要的过渡措施。

附则（略）

附表

年份	国土规划	城市规划		住宅政策	背景
		城市规划法等	建筑基准法等		
1945	战灾地复兴规划基本方针				
1946	指定复兴对象都市	特别城市规划法			
1947			消防法		
1948					
1949	关于战灾复兴城市规划再讨论的基本方针	关于战灾复兴城市规划的推进	建设业法		
1950	国土综合开发法制定		建筑基准法制定		
1951		新道路法制定		公营住宅法制定	
1952					
1953					
1954		第一次道路建设五年规划			
1955		土地区划整理法施行法（特别城市规划法废止）		日本住宅公团设立	
1956	首都圈整备法制定			公团第一号、金冈住宅区建设	经济白皮书（宣告已经告别战后）
1957		高速道路法	修订建筑基准法（缓和商业用地内的建筑面积比、停车场法）		
1958	第一次首都圈基本规划			千里新镇开发立项	
1959			修订建筑基准法（加强防火和地基）		
1960				首都圈和京阪神圈郊外开始建设诸多集合住宅区	
1961			修订建筑基准法（新设特定街区制度、超高层楼房建造被允许）		

日本住宅政策演变历程表　　　　　　　　　　　附表 1

续表

年份	国土规划	城市规划		住宅政策	背景
		城市规划法等	建筑基准法等		
1962	全国综合开发规划（强调地区均衡发展）			千里新镇入住开始	1.经济开始高度发展；2.城市过大问题、收入差距扩大；3.收入倍增计划
1963			修订建筑基准法·容积地区制度（撤销31米的高度限制）·高层建筑物的防火		
1964			修订消防法（针对高层建筑物的修订）		东京奥运会 新潟地震
1965				·多摩新城城市规划确定 ·地方住宅供给公社法	
1966				住宅建设规划法 住宅建设五年规划（第一、二期解决住房难）	
1967					
1968	第二次首都圈基本规划	城市规划法制定（废止旧法）·市街化区域与市街化建设区域的划分·开发许可制度			霞关大厦竣工（日本第一栋高层建筑）
1969	新全国综合开发规划（创造多姿多彩的环境）				1.经济高速发展 2.人口、产业集中于大都市 3.信息化、国际化、技术革新的发展
1970		修订城市规划法·用途地域分为8种·决定修订道路结构令	修订建筑基准法·综合设计制度		
1971				多摩新城第一次入住	
1972		关于推进扩大共有地的法律（公扩法）工业再配置促进法			
1973					
1974	制定国土利用规划法				

年份	国土规划	城市规划		住宅政策	背景
		城市规划法等	建筑基准法等		
1975					
1976	第三次首都圈基本规划		修订建筑基准法（规定日照要求）	住宅建设五年规划（第三~七期、从量向质转变）	
1977	第三次全国综合开发规划（创造人类居住的综合性环境）				1.经济稳定发展 2.人口、产业逐渐向地方分散 3.国土资源、能源等的有限性开始呈现
1978					
1979					
1980		修订城市规划法（地区规划中反映居民的意见）	修订建筑基准法·必须是钢筋混凝土地基		
1981				设立住宅·都市建设公团	
1982					
1983					
1984					日本专卖公社民营化法、日本典型电话公社民营化法
1985	第二次国土利用规划				
1986	第四次首都圈基本规划				
1987	第四次全国综合开发规划（多极分散型国土的形成）		修订建筑基准法·放宽对木结构建筑的限制		1.人口、诸功能集中于东京 2.随着产业结构的急速转变，地方的就业问题严重化 3.进一步的国际化
1988					
1989					
1990					
1991					
1992		修订城市规划法·城市规划基本计划·用途地域分为12种		土地房屋租赁法（租地法、租房法废止、定期租地权）	

续表

年份	国土规划	城市规划		住宅政策	背景
		城市规划法等	建筑基准法等		
1993					
1994			修订建筑基准法 ·放宽住宅地下室的容积		
1995					阪神淡路大地震
1996	第三次国土利用规划			第七期住宅建设五年规划 修订公营住宅法	
1997					
1998	21跨世纪国土基础规划（多轴型国土构造形成的基础打造）	制定都市建造三法（修订城市规划法、大店立地法、中心市街地活性化法） 城市规划法修订中，特别用途地域的规划可由地方决定 交通无障碍法制定	修订建筑基准法 ·建筑的确认、检查向民间开放 ·重新审视现有建筑结构	创设面向高龄者的优良租赁住宅制度	1.全球化时代（地球环境问题、大竞争、与亚洲各国的交流） 2.人口减少、高龄化时代 3.高度信息化时代
1999	第五次首都圈基本规划		制定关于促进确保住宅品质的法律	都市住宅建设公团被改组（退出分售）	
2000		修订地市规划法 ·城市规划区域基本计划 ·立体都市计划 ·地区规划条例规定申请制度 分权改革（修订城市规划法） ·国家权限下放至都道府县 ·都道府县权限下放至市町村		创设、施行定期租房制度 制定公寓管理合理化的相关法律 创设住宅性能表示制度	
2001	新道路建设五年规划			第八期住宅建设五年规划（转为重视市场、住房储备） 确保高龄者安定居住的法律	
2002		都市再生关联法（都市再生特别措施法等）	修订建筑基准法 ·室内空气污染对策	公寓重建顺利化的法律制定	

续表

年份	国土规划	城市规划		住宅政策	背景
		城市规划法等	建筑基准法等		
2003		公共事业相关规划的修订 社会资本建设重点规划法 第一次社会资本建设重点规划			
2004		景观三法制定 工厂等限制法废止		都市再生机构设立（转向民间供给支援）	新潟县中越地震
2005					1.耐震伪装问题曝光 2.高龄社会对策基本法 3.人口减少
2006	无障碍新法制定 工业再配置促进法废止		随着耐震伪装的曝光，修订建筑基准法、建筑士法 ·建筑确认、检查的严格化 ·指定确认检查机关的业务的合理化 ·图纸和文本保存义务化 ·建筑士等业务的严格化、罚则的强化、信息公开化	住生活基本法制定 住生活基本规划（全国规划）制定	
2007				废止住宅金融公库 导入地域优良租赁住宅 制定住宅安全网法 制定有关确保特定住宅瑕疵担保责任的履行的法律	
2008	制定国土形成规划法（国土综合开发规划法的变更） 国土形成规划（地方自立发展成为可能的国土形成）	第二次社会资本整备重点规划		制定长期优良住宅普及促进法	1.真正的人口减少时代到来、急速的高龄化进展 2.生活方式多样化 3.重新构建人与国土关系的必要性
2009				高龄者居住安定法修订（都道府县高龄者居住安定规划） 创设住宅·环保分制度	

续表

年份	国土规划	城市规划		住宅政策	背景
		城市规划法等	建筑基准法等		
2010					
2011				住生活基本规划（全国规划）修订	东日本大地震
2012		根据地域主权一括法修订城市规划法、道路法 ·城市规划决定权限的转移 ·（多摩地区的用途地域的指定、市街地开发） ·墓地的经营许可 ·道路结构标准等 ·道路标识标准等 第三次社会资本建设重点规划		根据地域主权一括法修订公营住宅法 ·公营住宅的建设标准、收入标准等	
2013	适合防灾减灾等的国土强韧化基本法案（国土强韧化基本法案）			多摩新城谏访二丁目住宅区改建；民间公寓建成、入住	

资料来源：特定非营利活动法人まちぽっと .http://machi-pot.org/.

东京都八王子市规划事权划分表　　　　　　　　　　　　　　　　附表2

城市规划的种类		东京都决定	市决定
城市规划区域的建设、开发和保护方针		◎	
区域划分（市街化区域、市街化调整区域）		◎	
城市再开发方针等	城市再开发的方针	○	
	住宅市街地的开发建设方针	○	
	重点业务市街地的开发建设方针	○	
	防灾街区的建设方针	○	
地域地区	用途地域		○
	特别用途地区		○
	特定用途限制地区		○
	特例容积率适用地区		○
	高层住居引导地区		○
	高度地区、高度利用地区		○
	特定街区		○
	城市再生特别地区	◎	
	特定防灾街区建设地区		○
	防灾地域·准防灾地域		○
	景观地区		○
	风光地区	○（涉及2个市村町以上的）	○（其他）
	停车场建设地区		
	临港地区	◎（国际战略港湾或国际重点港湾） ○（重要港湾）	○（重要港湾以外）
	历史风貌特别保存地区	◎	
	第一种·第二种历史风貌保存地区	◎	
	绿地保护地区	○（涉及2个市村町以上的）	○（其他）
	特别绿地保护地区	○（涉及2个市村町以上的）	○（其他）
	绿化地区		○
	（近郊绿地特别保护保护地区）	（◎）	
	流通业务地区	○	
	生产绿地地区		○
	传统建筑群保存地区		○
	航空机噪声污染防治地区	○	
	航空机噪声污染防治特别地区	○	

城市规划的种类			东京都决定	市决定
促进区域		市街地再开发促进地域		○
		土地区划整理促进区域		○
		住宅街区建设促进区域		○
		据点业务市街地整治 土地区划整理促进区域		○
闲置土地转换利用促进地区				○
受灾市街地复兴推进地域				○
城市设施	道路	国家高速公路·一般国道	◎	
		都道	○	
		区市町村道		○
		汽车专用道	○	
	城市高速铁路		◎	
	轨道（城市高速铁路除外）			○
	停车场			○
	汽车枢纽站			○
	空港	空港法第4条第1项2号空港	◎	
		空港法第5条第1项地方管理空港	○	
		其他空港		○
	公园·绿地		○（国家决策） ○（东京都决策）	○（其他）
	广场·墓园		○（国家决策） ○（东京都决策）	○（其他）
	其他公共空地·运动场			○
	水道	供水事业用水道	○	
		其他		○
	电力·燃气供给设施			○
	下水道	流域下水道	○	
		公共下水道	○（涉及2个市村町以上的）	○（其他）
	污物处理厂·垃圾焚烧发电厂·垃圾处理厂			○
	产业废弃物处理设施		○	
	其他供给设施·处理设施			○
	河川	1级河川	◎	
		2级河川·运河	○	
		准河川·水路		○

续表

城市规划的种类		东京都决定	市决定
城市设施	大学·高等专门学校		○
	其他学校		○
	图书馆·研究设施·教育文化设施		○
	医院·幼儿园·医疗设施·社会福利设施		○
	市场·屠宰场		○
	火葬场		○
	单个社区的住宅设施		○
	单个社区的政府设施	◎	
	流通业务社区	○	
	电力通信设施		○
	防风·防火·防水·防雪·防沙设施		○
	防潮设施		○
市街地开发事业	土地区划整理事业	○（面积超过50hm²的由国家或东京都施行）	○（其他）
	新住宅市街地开发事业	○	
	工业区造成事业	○	
	市街地再开发事业	○（面积超过3hm²的由国家或东京都施行）	○（其他）
	新城市基础建设事业	○	
	住宅街区建设事业	○（面积超过30hm²的由国家或东京都施行）	○（其他）
	防灾街区整建设事业	○（面积超过3hm²的由国家或东京都施行）	○（其他）
市街地开发事业等计划地域	新住宅市街地开发事业预定区域	○	
	工业团地造成事业计划区域	○	
	新城市基础建设事业的预定区域	○	
	面积20ha以上的单个社区住宅设施的预定区域		○
	单个社区行政设施的预定区域	◎	
	流通业务社区的预定区域	○	
地区规划等	地区规划（再开发等促进区）		○ ○
	防灾街区建设地区规划		○
	沿道地区规划（沿道再开发促进区）		○ ○

续表

城市规划的种类		东京都决定	市决定
地区规划等	维护和提升历史风貌地区规划		○
	村落地区规划		○

◎须经国土交通大臣同意。○本层级决策,无须东京都知事同意。

资料来源:八王子市.八王子の都市計画[C].2003.

参考文献

[1] 国土交通省住宅局.住宅政策と住宅金融のあり方の変遷.http：//www.mlit.go.jp.

[2] 日本全国の地価推移グラフ.http：//www.tochidai.info.

[3] 総務省統計局.住宅の種類,所有の関係,居住室数・居住室の畳数別住宅数.http：//www.stat.go.jp.

[4] 住宅建設計画法（昭和四十一年六月三十日法律第一百号）.

[5] 高齢者の居住の安定確保に関する法律（平成十三年法律第二十六号）.

[6] 空家等対策の推進に関する特別措置法（平成二十六年法律第一百二十七号）.

[7] 住宅金融公庫法（昭和二十五年五月六日法律第一百五十六号）.

[8] 汪利娜.日本住房金融公库住房保障功能的启示 [J].经济学动态,2010（11）：126-130.

[9] 日本维基百科.住宅金融公庫.https：//ja.wikipedia.org/wiki.

[10] 国土交通省.住宅の長期計画の在り方—現行の計画体系の見直しに向けて—[C].2006.

[11] 総務省統計局.家計調査年報（二人以上の世帯）平成 16 年家計の概況.http：//www.stat.go.jp.

[12] 独立行政法人住宅金融支援機構法（平成十七年七月六日法律第八十二号）.

[13] 谢福泉,黄俊晖.日本住宅金融公库的改革及其启示 [J].亚太经济,2013（2）：79-84.

[14] 公営住宅法（昭和二十六年法律第百九十三号）.

[15] 公営住宅法施行令（昭和二十六年政令第二百四十号）.

[16] 総務省統計局.日本統計年鑑平成 23 年.http：//www.stat.go.jp.

[17] 総務省統計局.住宅の種類,所有の関係,建築時期別住宅数.http：//www.stat.go.jp.

[18] 日本住宅公団法（昭和三十年七月八日法律第五十三号）.

[19] UR 都市机构.UR 都市機構の歩み.http：//www.ur-net.go.jp.

[20] 日本公团住宅经验之鉴 [N].中国房地产报,2011-11-15.

[21] 国土交通省.都市再生機構の変遷.

[22] UR 都市機構の賃貸住宅お申込み資格について.http：//www.ur-net.go.jp.

[23] UR 賃貸住宅の家賃減額制度 Q&A.http：//www.ur-net.go.jp.

[24] UR 賃貸住宅の家賃算定の考え方について.http：//www.ur-net.go.jp.

[25] 地方住宅供給公社法（昭和四十年法律第一百二十四号）.

[26] 日本维基百科.法人.https：//ja.wikipedia.org/wiki.

[27] 地方住宅供給公社法施行規則（昭和四十年建設省令第二十三号）.

[28] 東京都総務省統計部.東京都統計年鑑平成 26 年.http：//www.toukei.metro.tokyo.jp.

[29] 东京都住宅供给公社.http：//www.to-kousya.or.jp.

[30] 特定優良賃貸住宅の供給の促進に関する法律（平成五年法律第五十二号）.

[31] 会计检查院.平成 15 年度决算检查报告.http：//report.jbaudit.go.jp.

[32] 国土交通省住宅局.公的賃貸住宅等をめぐる現状と課題について.http：//www.mlit.go.jp.

[33] 凌维慈.公法视野下的住房保障——以日本为研究对象 [M].上海：上海三联出版社，2010 年.

[34] 住生活基本法（平成十八年六月八日法律第六十一号）.

[35] 都市計画法（昭和四十三年法律第一百号）.

[36] 首都圏整備法（昭和三十一年法律第八十三号）.

[37] 新住宅市街地開発法（昭和三十八年法律第百三十四号）.

[38] 住宅地区改良法（昭和三十五年法律第八十四号）.

[39] 大都市地域における住宅及び住宅地の供給の促進に関する特別措置法（昭和五十年法律第六十七号）.

[40] 大都市地域における住宅及び住宅地の供給の促進に関する特別措置法施行規則（昭和五十年建設省令第二十号）.

[41] 永野義紀.住宅政策と住宅生産の変遷に関する基礎的研究―木造住宅在来工法に係わる振興政策の変遷 [D].九州大学学術情報リポジトリ，2006 年.

[42] 国土交通省.住宅建設計画法及び住宅建設五箇年計画のレビュー.http：//www.mlit.go.jp.

[43] 五十嵐敬喜，小川明雄.都市計画―利権の構図を超えて [M].东京：岩波書店，1993：76.

[44] 厚生劳动省.住生活基本計画における居住面積水準.http：//www.mhlw.go.jp.

[45] 池上博史.よくわかる住宅産業 [M].东京：日本实业出版社，1995.

[46] 国土交通省住宅局住宅政策課.住宅経済データ集 [M].东京：住宅産業新聞社，2015.

[47] 总务省统计局.日本の住宅・土地―平成 15 年住宅・土地統計調査の解説―結果の解説.http：//www.stat.go.jp.

[48] 国土交通省.住生活基本計画（全国計画）（2006 年 9 月 19 日内阁会议决定）.http：//www.mlit.go.jp.

[49] 国土交通省.住生活基本計画（全国計画）（2011 年 3 月 15 日内阁会议决定）.http：//www.mlit.go.jp.

[50] 国土交通省.住生活基本計画（全国計画）（2016 年 3 月 18 日内阁会议决定）.http：//www.mlit.go.jp.

[51] 国立社会保障与人口问题研究所.未来人口预测 [C].2012.

[52] 国土交通省.国土形成計画（全国計画）.http：//www.mlit.go.jp.

[53] 国土交通省.大都市圏政策の評価.http：//www.mlit.go.jp.

[54] 国土交通省.首都圏整备計画（1 次 -4 次）[C].1997.

[55] 国土交通省.第 5 次首都圏基本計画 [C].2006.

[56] 大月敏雄.首都圏における民間大規模戸建て住宅団地の開発実態分析と今後の土地再利用方策の検討.http：//www.lij.jp.

[57] 东京都.東京都市計画都市計画区域の整備、開発及び保全の方針 [C].2004.

[58] 东京都 .2011—2020 東京都住宅マスタープラン [C].2012.

[59] 八王子市 .八王子市住宅マスタープラン——平成 23 年至 32 年 [C].2003.

[60] 总务省统计局 .平成 22 年国勢調査 . http：//www.stat.go.jp.

[61] 总务省统计局 .平成 17 年国勢調査 . http：//www.stat.go.jp.

[62] 国土交通省国土地理院 .地域計画アトラス国土の現況とその歩み . http：//www.gsi.go.jp.

[63] 三井不動産リアルティ .https：//www.mf-realty.jp.

[64] 国税庁 .https：//www.nta.go.jp.

[65] 总务省统计局 .日本統計年鑑平成 30 年 . http：//www.stat.go.jp.

[66] 总务省统计局 .日本統計年鑑平成 27 年 . http：//www.stat.go.jp.

[67] 总务省统计局 .平成 25 年住宅・土地統計調査 . http：//www.stat.go.jp.

[68] 东京都总务局统计部 .東京都統計年鑑平成 26 年 . http：//www.toukei.metro.tokyo.jp.

[69] 泉水健宏 .住生活基本計画の見直しと今後の住宅政策の在り方——居住者及び住宅ストックからの視点に立った課題の状況 [J]. 立法と調査：2016（1）.

[70] 産業労働者住宅資金融通法（昭和二十八年法律第六十三号）.

[71] 特定非営利活動法人まちぽっと .http：//machi-pot.org.

[72] 八王子市 .八王子の都市計画 [C].2003.